바다에서 미래를 보다!

김신의 완도 탄소중립 이야기

격려사

완도의 바다에서 미래를 읽다

완도는 늘 바다와 함께 살아온 곳입니다. 바다는 완도의 생업이었고, 삶이었으며, 정체성이었습니다. 저자는 이제 바다는 또 다른 질문을 우리에게 던지고 있다고 말합니다.

"앞으로 완도는 어떤 길을 갈 것인가?"

이 책은 그 질문에 대한 진지한 고민이자, 지역에서 제기된 의미있는 답변이라고 생각합니다.

특히 바다를 삶의 터전으로 삼아온 사람의 눈으로, 완도의 현실과 미래의 가능성을 짚어 나간 점이 눈에 띄며, 저자인 김신 위원장이 탄소중립이라는 다소 낯설고 멀게 느껴질 수 있는 주제를 완도의 바다와 해조류 그리고 주민의 삶이라는 언어로 풀어낸 점이 인상 깊습니다.

기후위기와 탄소중립은 이제 선택의 문제가 아니라, 우리가 반드시 준비해야 할 시대적 과제입니다.

그러나 중앙정부의 정책과 노력만으로는 완성될 수 없고, 지역이 스스로 이해하고, 공감하고, 자기만의 방식으로 길을 만들어갈 때 비로소 현실이 된다는 저자의 지적에 공감합니다.

특히 해조류와 블루카본, 바다고리풀과 같은 해양자원을 통해 완도가 기후위기 대응의 주체가 될 수 있다는 메시지는 매우 중요합니다.

완도는 이미 대한민국 해조류 산업의 중심지이며, 바다를 기반으로 한 축적된 경험과 기술을 갖춘 지역입니다. 이 강점을 잘 살린다면, 완도는 새로운 시대를 여는 지역이 될 수 있습니다.

정치는 결국 사람의 삶을 더 나아지게 하기 위한 도구여야 하며, 탄소중립 역시 환경문제와 더불어 주민소득, 지역의 지속가능성, 그리고 다음 세대가 살아갈 터전을 함께 고민해야 한다는 주장에도 공감합니다.

그런 점에서 이 책이 정책보고서를 넘어 많은 대화와 논의의 출발 점이 되고,완도의 미래를 이야기할 수 있기를 기대합니다.

바다에서 다시 한 번, 지역의 미래를 바라보는 이 책의 시도가 완도의 오늘을 기록하고, 내일을 준비하는 이정표가 되기를 응원하며, 저자인 김신 위원장의 앞날에도 행운이 함께 하기를 바랍니다.

박 지 원 국회의원, 전 국정원장

추천사

김신, 말보다 먼저 현장으로 가는 사람

김신 위원장을 처음 만난 것은 오래전 일입니다. 정치와 행정, 그리고 지역의 삶을 두고 진지한 고민을 나누던 자리에서였습니다. 그때부터 지금까지 제가 김신이라는 사람에게서 일관되게 느껴온 것은 말보다 행동이 앞서는 태도였습니다. 그는 언제나 현장을 먼저 보았고, 사람의 삶을 기준으로 판단하려 했습니다.

정치를 하다 보면 수많은 계획과 구호를 접하게 됩니다. 그러나 실제로 지역을 바꾸는 힘은 책상 위의 문장이 아니라, 현장에서 묵묵히 쌓아온 신뢰에서 나온다고 저는 믿습니다. 김신은 그런 신뢰를 가볍게 다루지 않는 사람입니다. 누군가를 설득하기 전에 먼저 이해하려 하고, 앞서가기보다 함께 가는 길을 택해왔습니다.

제가 지켜본 김신의 행보는 언제나 일관되었습니다. 그는 특정 이슈를 정치적으로 소비하기보다 그것이 지역 주민의 삶에 어떤 영향을 미치는지를 먼저 고민했습니다. 환경 문제를 이야기할 때도, 추상적인 가치나 선언에 머무르지 않았습니다. 왜 이 변화가 필요한지, 그것이 지역의 생계와 미래에 어떤 의미를 갖는지를 차분히 설명하고

자 했습니다. 그 과정에서 그는 스스로 공부했고, 질문했고, 준비했습니다.

김신은 지역을 위한 역할을 맡을 때 결코 가볍게 임하지 않았습니다. 제도와 정책을 이해하기 위해 시간을 들였고, 새로운 흐름을 자신의 언어로 소화하려 노력했습니다. 누군가에게 보여주기 위한 활동이 아니라, 스스로 납득하기 위한 준비였다는 점에서 저는 그의 태도를 높이 평가합니다. 그런 준비는 결국 말의 무게를 바꾸고, 행동의 방향을 분명하게 만듭니다.

우리는 오랫동안 지역의 문제를 중앙의 시선으로 해결하려 해왔습니다. 그러나 김신은 늘 반대로 질문했습니다. "이 지역에서 출발하면 답이 달라지지 않겠느냐?"고. 저는 그 질문이 매우 중요하다고 생각합니다. 변화는 위에서 내려오는 것이 아니라, 아래에서부터 차곡차곡 쌓여야 오래갑니다. 김신은 그 원칙을 몸으로 알고 있는 사람입니다.

개인적으로 김신과 여러 대화를 나누며 느낀 점은 그가 정치를 '자기 증명'의 수단으로 보지 않는다는 사실이었습니다. 그는 늘 자신보다 지역을 앞에 두었고, 지금 당장의 성과보다 다음 세대를 생각했습니다. 그런 태도는 쉽게 만들어지지 않습니다. 오랜 시간 현장을 보고, 사람을 만나고, 스스로를 단련한 사람에게서만 나옵니다.

이 책은 그런 김신의 삶의 태도와 문제의식이 자연스럽게 담겨 있는 결과물이라고 생각합니다. 저는 이 책을 단지 한 권의 기록으로 보지 않습니다. 김신이 어떤 사람인지, 어떤 방향으로 지역을 바라보고 있는지를 보여주는 하나의 증거라고 생각합니다. 그래서 이 책을 추천합니다. 내용 이전에, 이 책을 써온 사람의 시간과 선택을 신뢰하기 때문입니다.

앞으로도 김신은 쉬운 길보다 필요한 길을 선택할 것이라 믿습니다. 지역의 미래를 말로만 이야기하지 않고, 스스로 준비하고 책임지려는 그의 태도는 지금 우리 정치에 꼭 필요한 모습입니다. 김신이 걸어온 길, 그리고 앞으로 걸어갈 길을 저는 진심으로 응원합니다.

이인영 국회의원, 전 통일부장관

축사

김신 위원장님의 뜻깊은 출판기념회를 진심으로 축하드립니다.

한 사람의 삶과 철학이 담긴 책은 그 자체로 지역과 시대를 향한 진솔한 고백이자 약속이라 생각합니다

젊은시절 JC전남 지구회장으로, 완도군 의원으로 오랜 시간 완도와 함께하며 지역의 목소리를 듣고, 현장의 경험을 쌓아온 김신 위원장님의 고민과 비전이 이 책에 담겨 있습니다.

이번 출판기념회가 함께하신 완도군민과 김신 위원장이 함께 완도의 새로운 도약을 함께 고민하고 공감하는 소중한 계기가 되기를 바랍니다.

다시 한번 출판기념회를 진심으로 축하드리며, 뜻하시는 모든 길에 큰 성취가 있기를 바랍니다.

2025년 12월 15일

(전) 국회의장 김진표

머리말

바다를 바라보며 시작한 생각들

바다는 늘 그 자리에서 나를 맞아주었습니다. 어린 시절부터 수없이 보아 온 풍경이었지만, 특히 탄소중립위원회에서 활동하게 된 뒤로는 그 바다가 전혀 다른 모습으로 다가왔습니다. 예전에는 단순히 우리의 삶을 지탱해주는 터전이라고만 생각했지만, 지금의 나는 바다가 우리 세대가 지켜야 할 미래라는 사실을 분명하게 느끼고 있습니다. 이 책을 쓰기로 결심한 것도 바로 그 순간이었습니다.

저는 완도에서 나고, 자라 완도를 지켜온 사람입니다. 바다 냄새를 알고, 계절마다 달라지는 생업의 리듬을 알고, 시장과 항구에서 주고받는 주민들의 한숨과 웃음을 누구보다 가까이에서 보아 왔습니다. 그렇기에 완도의 미래를 이야기하는 일은 제게 단순한 정책 설명이 아니라, 제 인생의 한 부분을 주민들과 나누는 마음으로 쓰는 고백에 가깝습니다.

탄소중립이라는 말은 요즘 어디에서나 들을 수 있습니다. 하지만 정작 우리의 일상과 어떤 관계가 있는지, 완도 같은 작은 지역이 왜 이 문제를 이야기해야 하는지 궁금해하는 분들이 많습니다. 실제로 위원회 활동을 하며 만났던 어르신들도 “그게 우리랑 무슨 상관이여?” 하고 물으시곤 했습니다. 저는 이 질문이 너무나 정직하고, 한편으로는 가장 중요한 질문이라고 생각했습니다.

이 책은 바로 그 질문에 대한 제 답입니다.

완도는 이제 선택의 기로에 서 있습니다. 기후위기와 산업 변화는 전 세계가 겪는 문제이지만, 그 영향은 지역마다 다르게 나타납니다. 어떤 지역은 쇠퇴하고, 어떤 지역은 새로운 기회를 잡습니다. 저는 완도가 그 기회를 잡을 수 있다고 믿습니다. 아니, 완도는 누구보다 먼저 새로운 시대를 준비해야 합니다. 왜냐하면 우리가 가진 자산이 누구보다 크기 때문입니다.

청정한 바다, 전국 최고 수준의 전복, 해조류 산업, 풍부한 해양에너지, 깨끗한 공기, 이 모든 것은 단순한 자원이 아니라, 미래를 위한 경쟁력입니다. 그리고 저는 이 경쟁력을 어떻게 보존하고, 어떻게 미래로 연결할 것인지 고민하는 과정에 누구보다 오랫동안 함께했습니다. 그 과정에서 분명한 결론에 도달했습니다.

완도의 미래는 바다에서 시작되고, 그 바다는 우리가 어떻게 선택하느냐에 따라 전혀 다른 모습이 됩니다. 이 책에는 제가 탄소중립을 공부하며 경험한 현장의 문제들, 행정의 과제들, 주민들이 느끼는 현실, 완도만이 가진 가능성, 그리고 앞으로 우리가 선택해야 할 길이 담겨 있습니다. 저는 이 내용을 거창한 국가 전략처럼 쓰고 싶지 않았습니다. 그보다는 이웃집 아저씨가 저녁 무렵 마루에 앉아 조용히 들려주는 이야기처럼, 완도 사람들이 편안하게 읽을 수 있는 목소리로 전하고 싶었습니다.

이 책이 완도의 미래를 결정하는 데 작은 불씨라도 되기를 바랍니다. 변화는 어느 날 갑자기 찾아오지 않습니다. 작은 대화, 작은 공감, 작은 선택이 모여 큰 흐름을 만듭니다. 그리고 그 흐름의 시작점에 이 책이 놓일 수 있다면 저는 더 바랄 것이 없습니다.

우리의 바다는 여전히 그 자리에 있습니다. 그러나 그 바다를 어떤 시선으로 바라볼지, 어떤 마음으로 지켜낼지, 어떤 미래를 담아낼지는 이제 우리의 선택에 달려 있습니다. 저는 그 선택의 순간을 주민들과 함께 나누고 싶습니다.

이 책은 그 여정을 시작하는 첫 걸음입니다.

2026년 1월

완도항에서 김신

목차

I 바다는 나의 첫 스승이었다

짠내와 파도가 가르친 삶의 원리

나는 늘 바다를 보며 자랐다.

어릴 적부터 바다는 내 삶 가까이에 있었고, 하루의 시작과 끝을 자연스럽게 채우는 존재였다. 파도가 부서지는 소리와 바람에 실린 짠 기운은 특별한 사건이 아니라 일상의 일부였고, 나는 그것을 굳이 의식하지 않으며 성장했다. 그 시절의 나는 바다가 이렇게 큰 의미를 지닌 존재가 될 것이라고는 생각하지 못했다. 그저 늘 그 자리에 있는 풍경이자, 변하지 않는 배경처럼 느꼈을 뿐이다. 그러나 시간이 지나 다시 돌아보면, 그 익숙함 속에 쌓여 있던 기억들이 지금의 나를 형성한 원형이 되어 있었음을 깨닫게 된다.

어린 시절의 나는 바다가 왜 늘 같은 자리에 머물러 있는지 종종 궁금해하곤 했다. 비가 오든, 바람이 불든, 계절이 바뀌든 바다는 자신의 리듬을 유지하며 밀려왔다 밀려갔다. 겉으로 보기에는 늘 비슷해 보였지만, 그 안에는 분명한 규칙과 질서가 존재하는 것처럼 느껴졌다.

그때는 그것을 말로 설명할 수 없었지만, 자연이 스스로 균형을 만들어내는 방식에 대해 막연한 호기심을 품고 있었던 것 같다.

바다는 변함없어 보이지만, 사실 누구보다도 치열하게 스스로를 유지하는 존재였다. 거센 태풍이 지나간 뒤에도 다시 물결을 정돈하고, 극심한 더위 속에서도 바닷속 생태계는 자신만의 속도로 순환을 이어갔다. 나는 훗날 이런 바다의 모습을 떠올리며, 인간이 만들어낸 '지속가능성'이라는 개념이 사실은 자연이 훨씬 먼저 실천해 온 원리라는 생각에 이르게 되었다. 바다는 누군가에게 가르치려 하지 않았지만, 스스로의 방식으로 오래 버티고 회복하는 법을 보여주고 있었다. 그 의미를 이해하게 된 것은 한참 시간이 흐른 뒤였다.

학창 시절을 지나며 나는 점점 바다를 다른 시선으로 바라보게 되었다. 바다에 자라는 해조류들이 단순한 수산물이 아니라, 바닷속 환경을 지탱하는 중요한 존재라는 사실에 관심을 갖기 시작했다. 물을 맑게 하고, 생물들의 서식처가 되며, 바다의 흐름을 완만하게 만드는 역할을 한다는 점은 책과 자료를 통해 조금씩 알게 되었다. 그때는 그 지식들이 단편적으로 느껴졌지만, 시간이 흐르면서 하나의 맥락으로 연결되기 시작했다.

부드러운 잎을 가진 해조류들이 거센 물살 속에서도 제자리를 지켜내는 모습을 떠올릴 때마다, 나는 바다의 힘이 반드시 거칠기만 한 것은 아니라는 생각을 하게 되었다. 겉으로는 연약해 보이지만, 그 안에는 환경을 지탱하는 강한 역할이 숨어 있었다. 이런 존재들이 모여 바다의 균형을 이루고 있다는 사실은, 바다를 바라보는 내 생각을 점점 더 깊게 만들었다.

"바다에는 나무가 있다."는 생각은 그렇게 내 안에 자리 잡았다. 그것은 특정한 한순간의 깨달음이라기보다, 오랜 시간에 걸쳐 쌓인 관찰과 이해의 결과였다. 해조류가 가진 생태적 가치와 바다가 스스로를 유지하는 방식은, 훗날 완도의 미래를 생각할 때 중요한 기준점이 되었다. 그 시절에는 미처 알지 못했지만, 내가 자라며 바라본 바다는 이미 많은 이야기를 품고 있었고, 그 이야기들은 시간이 지나 서서히 의미를 드러내고 있었다.

지금 돌아보면, 그 모든 기억과 생각이 하나로 모여 완도의 바다를 바라보는 나만의 시선을 만들었다. 바다는 단순한 자연환경이 아니라, 삶을 지탱하고 미래를 고민하게 만드는 존재였다. 그리고 그 인식의 출발점은 말없이 곁에 있던 바다와 함께한 오랜 시간 속에 조용히 자리 잡고 있었다.

고등학교를 졸업하고 도시로 나갔을 때, 나는 처음으로 바다가 없는 삶을 살았다. 새벽에 일어나도 파도 소리가 없었고, 비가 와도 바다 냄새가 나지 않았다. 그때 나는 내가 떠나온 곳이 단순한 고향이 아니라 '숨결'이었다는 걸 깨달았다. 바다가 없는 삶은 뭔가 텅 비어 있었다. 사람은 결국 자신을 길러준 자리로 돌아가게 되어 있다. 그리고 나는 그렇게 완도로 돌아왔다.

그런데 우리를 길러주던 바다는 예전 같지 않다는 걸 깨달았다.

갯벌은 좁아졌고, 바닷물 색은 탁했고, 어민 어르신들은 "요즘은 물이 숨을 못 쉬는 것 같다."고 말했다.

나는 그 말의 의미를 처음에는 알지 못했다. 하지만 점점 실감했다, 바다가 지쳐가고 있었다.

변화는 아주 작은 데서부터 시작되었다. 어느 날 해안가를 걷는데 스티로폼 조각이 파도에 밀려와 흩어져 있었고, 바람이 센 날이면 비닐과 플라스틱이 여기저기 걸려 있는 모습이 눈에 띄었다. 예전엔 진한 갈색이었던 다시마는 해마다 색이 옅어지는 듯했고, 어린 시절 분명 '짙푸르다'고 느꼈던 바다는 어느 순간부터 탁한 빛을 띠기 시작했다. 그 모습을 보고 있자니 마음 한구석이 무너져 내리는 느낌이었다. "이 바다를 지켜야 한다."는 생각이 그때 처음으로 떠올랐다.

하지만 나는 어떤 단체를 만들거나 대단한 일을 시작한 것이 아니었다. 다만 평소처럼 어촌계 어르신들이 바다에 나가기 전 항구 주변을 살피고, 작업이 끝난 뒤 자연스럽게 해안을 정리하는 모습을 보며 깨닫는 것이 있었다. 큰비가 오거나 파도가 강하게 치고 지나간 날이면 어민들은 서로 말하지 않아도 해안가 상태를 확인했고, 낚시객들이 두고 간 쓰레기도 눈에 보이면 그냥 지나치지 않았다. 때로는 학교

아이들이 해양 체험학습을 나오면서 작은 쓰레기를 주워 담는 모습도 보였다.

나는 어느 순간 그 일련의 행동들이 '특별한 행사'가 아니라, 완도 사람들의 일상에서 자연스럽게 스며 있는 책임감이라는 사실을 깨달았다. 바다는 누가 지켜달라고 해서 지켜지는 곳이 아니라, 이 바다로 삶을 이어온 사람들이 그저 익숙하게 감당해 온 몫이었다. 내가 할 수 있는 일도 거창한 것이 아니었다. 어민들과 함께 해안가 상황을 이야기 나누고, 양식장 점검을 따라다니며 바다의 작은 변화를 배우기도 했다.

그 과정에서 나는 분명하게 알게 되었다. 바다는 혼자 지킬 수 있는 것이 아니라는 사실을. 변화는 누군가 주도하는 거대한 운동이 아니라, 각자의 자리에서 자연스럽게 실천하는 작은 관심들이 모일 때 비로소 시작된다는 것을. 결국 바다를 지킨다는 것은 거창한 구호나 단체의 힘이 아니라, 이곳에 사는 사람들이 오랜 세월 이어온 삶의 태도에 기반한 것이었다.

그리고 바로 그 무렵이었다.

내가 바다와 지역의 변화를 이전보다 더 깊이 들여다보게 된 시기가 겹쳐졌다. 그전까지 '탄소중립'이라는 단어는 뉴스나 보고서 속에서나 등장하는, 나와는 다소 거리가 있는 개념처럼 느껴졌다. 정책과 계획, 제도라는 말들은 늘 복잡하고 어려운 언어로 포장되어 있었고, 현장에서 살아가는 사람들의 삶과는 분리된 세계의 이야기처럼 보이기도 했다. 그래서 처음에는 그 단어를 마주하는 것 자체가 부담스럽게 느껴졌다.

하지만 시간이 지나면서, 이 낯선 단어가 단순한 구호가 아니라는 생각이 들기 시작했다. 바다의 변화, 어업 환경의 불안정, 지역의 미래에 대한 막연한 걱정들이 모두 같은 방향을 가리키고 있다는 느낌이 들었기 때문이다. 그것은 누군가가 정해 놓은 목표라기보다, 이미 현실에서 시작되고 있는 질문처럼 다가왔다. 그 질문 앞에서 나는 더 이상 '어렵다'는 이유만으로 등을 돌릴 수 없다고 느끼게 되었다.

그래서 나는 탄소중립이라는 개념을 스스로 이해해 보기로 했다. 약 6개월 동안 서울을 오가며 탄소중립교육연구소에서 진행되는 교육 과정을 차분히 따라갔고, 그 결과 탄소중립교육강사 자격을 취득했다. 이 과정은 어떤 역할을 맡기 위한 준비라기보다, 내가 이 흐름을 제대로 이해하고 있는지 스스로에게 묻는 시간에 가까웠다. 개념을 정확히 알지 못한 채 말하는 것보다, 충분히 공부하고 정리한 뒤 생각을 이어가고 싶었기 때문이다. 그 시간 동안 탄소중립은 추상적인 이상이 아니라, 구조와 원리를 가진 하나의 언어로 다가오기 시작했다.

배운 내용들은 결국 다시 바다와 사람들의 모습으로 연결되었다. 갯벌에서 몸을 낮추고 일하는 어르신들의 손끝, 바람을 맞으며 해조류의 상태를 살피는 어민들의 시선, 학교에서 만난 아이들이 던지는 질문들은 모두 이 개념을 구체적인 장면으로 바꾸어 주었다. 탄소중렵은 어느새 교재 속 문장이 아니라, 삶의 현장에서 설명되어야 할 이야기처럼 느껴졌다.

사람들은 자연스럽게 묻곤 했다.

"그래서 이게 우리 삶이랑 무슨 상관이 있느냐고?"

해조류와 탄소가 어떻게 연결되는지 이해하기 어렵다는 반응도 적지 않았다. 나는 그 질문들이 변화에 대한 거부가 아니라, 삶을 지키기 위한 본능적인 물음이라는 생각이 들었다. 그래서 서두르지 않으려 했다. 바다 속에서 해조류가 자라며 탄소를 흡수하고, 그 과정이 바다의 균형을 지키며, 결국 지역의 삶을 떠받치는 구조로 이어진다는 사실을 하나씩 풀어 설명할 필요가 있다고 느꼈다. 그렇게 이야기를 이어가다 보면, 사람들의 표정이 조금씩 달라지는 순간을 마주하게 되었다.

나는 종종 포구에 서서 바다를 바라보며 생각에 잠기곤 했다. 어린 시절 바닷물을 손으로 떠보며 신기해하던 기억이 떠오르기도 했지만, 그 기억은 더 이상 단순한 추억에 머물지 않았다. 바다는 여전히 많은 질문을 던지고 있었고, 그 질문은 점점 더 분명한 형태를 띠고 다가왔다. 이 바다를 앞으로 어떻게 대할 것인가, 그리고 다음 세대에게 무엇을 남길 것인가에 대한 물음이었다.

그 질문은 어떤 직함이나 역할을 넘어서는 것이었다. 그것은 삶의 깊은 층위에서 마주하게 되는 질문이었고, 나는 그 질문을 외면하지 않기로 했다. 그래서 바다에 대한 이야기를 기록하기로 마음먹었다. 변화의 한가운데에서, 정책보다 먼저 삶을 바라보는 시선으로 이 이야기를 남기고 싶었다. 완도의 바다는 나에게 언제나 삶의 냄새와 자연의 호흡을 동시에 품은 공간이었고, 그 기억들이 지금의 나를 이 자리로 이끌었다.

이 모든 과정이 지금의 나를 단번에 만든 것은 아니겠지만, 분명한 것은 바다를 중심에 둔 이 고민이 나의 출발점이 되었다는 사실이다. 나는 여전히 확신한다. 우리가 바다를 존중하고 귀 기울이는 태도를 잃지 않는다면, 바다는 다시 우리에게 길을 보여줄 것이다. 그 믿음이 내가 이 이야기를 시작하게 된 이유이며, 이 책을 써 내려가게 한 가장 깊은 동력이기도 하다.

낯선 단어 속에서 발견한 나의 자리

완도의 바다와 마을을 다시 바라보며, 나는 이 지역이 더 이상 예전 방식으로만 유지되기는 어렵다는 현실을 자주 떠올리게 되었다. 그 변화는 어느 한순간에 분명하게 드러난 것이 아니라, 어민들의 말투 속에서, 양식장의 관리 방식에서, 계절이 조금씩 어긋나는 느낌 속에서 서서히 스며 나오고 있었다. 다만 그때의 나는, 이런 변화가 개인의 감상이나 생활상의 차이를 넘어 지역 전체의 미래와 맞닿아 있다는 사실까지는 깊이 생각하지 못하고 있었다.

그러던 중 2024년 7월, 완도군이 '2050 탄소중립 녹색성장위원회'를 공식적으로 출범시켰다. 나는 비로소 이 변화가 하나의 흐름 안에 놓여 있다는 사실을 인식하게 되었다. 이 위원회는 외부의 요구에 떠밀려 만들어진 조직이 아니라, 완도군이 스스로 미래를 준비하겠다는 판단 아래 마련된 구조였다. 국가 차원의 정책 흐름과 맞닿아 있기는 했지만, 그 출발점은 어디까지나 '완도의 선택'이라는 점이 인상 깊게 다가왔다.

탄소중립이라는 단어는 그 자체로 낯설고 크며, 쉽게 와 닿지 않는 개념이었다. 하지만 완도군이 이 단어를 전면에 내세운 이유를 곰곰이 생각해 보니, 그것은 단순한 환경 구호가 아니라 지역의 생존과 연결된 질문이라는 생각이 들었다. 탄소중립위원회는 어떤 일을 당장 해내기 위한 조직이라기보다, 앞으로 완도가 어떤 방향을 바라보며 나아가야 하는지를 함께 고민하기 위한 틀이었다. 나는 이 위원회의 존재를 통해, 완도의 미래가 더 이상 관성에 맡겨질 수 없는 시점에 와 있다는 사실을 분명히 느끼게 되었다.

위원회가 지향하는 가장 큰 목적은 명확했다. 2050년이라는 긴 시

간을 두고, 완도가 기후 변화와 산업 전환의 흐름 속에서 소외되지 않고 오히려 자기만의 강점을 살려 살아남는 길을 찾는 것. 그 과정에서 중요한 것은 단기간의 성과가 아니라, 지역의 특성과 삶의 구조를 해치지 않으면서도 지속 가능한 방향을 모색하는 일이었다. 완도는 바다를 중심으로 형성된 지역이고, 그 바다는 단순한 자연환경이 아니라 산업이자 생활의 기반이다. 탄소중립위원회는 바로 이 바다의 가치를 어떻게 지켜내고, 어떻게 미래의 자산으로 이어갈 것인지에 대한 큰 질문을 던지는 장치처럼 느껴졌다.

탄소중립, 블루카본, 순배출량, 흡수량 산정 방식 같은 단어들은 처음에는 서로 동떨어진 전문 용어처럼 보였다. 그러나 이 개념을 하나의 맥락으로 이어 놓고 나니, 결국 모두 같은 질문으로 귀결되고 있었다. "바다가 살아야 우리가 산다!"는 너무도 단순하지만 외면해 왔던 원리였다. 이 원리는 새로운 이론이 아니라, 완도 사람들이 오랫동안 몸으로 알고 있었던 삶의 방식이기도 했다. 다만 이제 그 삶의 방식이, 정책과 제도, 그리고 미래 전략이라는 언어로 다시 해석되고 있을 뿐이었다.

탄소중립위원회가 지향하는 방향은 그래서 더욱 의미 있게 다가왔다. 그것은 완도를 어떤 새로운 모습으로 급격히 바꾸겠다는 선언이 아니라, 이미 존재해 온 가치를 다시 발견하고, 그것을 다음 세대까지 이어갈 수 있는 구조로 만드는 일이었다. 해조류 산업, 해상풍력, 재생에너지, 수소 생산 같은 이야기가 이 위원회를 중심으로 함께 언급되는 이유도 여기에 있었다. 이 모든 요소는 서로 다른 분야처럼 보이지만, 결국 완도의 바다와 연결되어 있었고, 바다를 어떻게 대할 것인가에 대한 하나의 질문으로 모이고 있었다.

나는 이 지점에서 탄소중립위원회가 단순히 행정적 기구가 아니라 '생각의 틀'을 제공하는 존재라는 느낌을 받았다. 당장 무엇을 결정하거나 실행하지 않더라도, 이 위원회가 존재한다는 사실만으로도 완도는 미래를 향해 질문을 던지기 시작한 셈이었다. 그리고 그 질문은 지역 주민, 산업, 행정, 다음 세대 모두에게 조금씩 영향을 미치게 될 것이라고 생각했다.

이런 흐름 속에서 나는 자연스럽게 스스로에게 질문을 던지게 되었다. 이 거대한 변화의 언어 속에서, 나는 어디에 서 있는가. 기술자도 아니고, 정책 설계자도 아닌 내가 할 수 있는 역할은 무엇인가. 답은 의외로 멀리 있지 않았다. 낯선 단어가 난무하는 시대일수록, 그것을 삶의 언어로 이해하려는 사람이 필요하다는 생각이 들었다. 완도의 미래를 이야기할 때, 숫자와 계획만으로는 설명되지 않는 감정과 기억, 생활의 감각이 분명 존재하기 때문이다.

탄소중립위원회가 만들어내고자 하는 긍정적인 변화는 단기간에 눈에 보이는 성과로 드러나지 않을 수도 있다. 그러나 이 위원회가 던진 질문은 분명히 완도의 시간을 바꾸기 시작했다. 바다를 어떻게 대할 것인가, 산업을 어떻게 이어갈 것인가, 다음 세대에게 무엇을 남길 것인가.

나는 이 질문 앞에서, 비로소 나 자신의 자리를 조금씩 자각하게 되었다. 그것은 앞에서 끌고 가는 자리가 아니라, 의미를 이해하고 방향을 놓치지 않도록 바라보는 자리였다.

이 장을 마치며 나는 이렇게 생각하게 되었다. 탄소중립위원회는 어떤 결론을 내리는 곳이기보다, 완도가 스스로에게 던진 가장 진지한 질문의 이름일지도 모른다고. 그리고 그 질문을 외면하지 않고 끝까지 생각해 보려는 태도, 그것이 바로 내가 이 변화의 흐름 속에서 선택한 나의 자리였다.

바다의 목소리를 듣다

어느 순간부터 나는 이전보다 훨씬 더 자주 바다를 떠올리게 되었다. 특별히 어떤 계기로 바다를 자주 찾기 시작했다기보다는, 일상을 살아가며 바다가 머릿속에서 더 오래 머무는 시간이 늘어났다는 표현이 더 정확할지도 모르겠다. 그렇게 바다를 의식하다 보니, 예전에는 그저 익숙함 속에 묻혀 지나쳤던 미세한 변화가 조금씩 눈에 들어오기 시작했다.

바다가 어느 날 갑자기 심각하게 변했다거나, 누구나 알아볼 만큼 뚜렷한 사건이 벌어졌다는 뜻은 아니었다. 다만 오랜 세월 바다와 함께 살아온 사람들이 조심스럽게 꺼내는 말, "요즘 바다가 좀 다르다."는 표현 속에 담긴 무게가 이전과는 다르게 느껴졌다. 그 말에는 설명하기 어려운 경험의 축적이 담겨 있었고, 나는 그 안에서 일종의 조용한 신호를 감지하게 되었다.

어민들이 이야기하는 변화는 늘 아주 작고 구체적이었다. 해조류가 자라는 속도가 예전과 조금 다르다거나, 조류의 흐름이 미묘하게 바뀌었다는 식의 표현이었다. 처음에는 그런 말이 오랜 습관이나 감정에서 비롯된 것처럼 들리기도 했다. 하지만 같은 이야기가 반복해서 들리고, 여러 다른 사람의 말이 비슷한 지점을 가리키고 있다는 사실을 인식하면서, 나는 그 표현이 단순한 느낌이 아니라 장기적인 변화를 감지하는 감각적 언어일 수 있다는 생각을 하게 되었다.

실제로 기후 변화와 해양 온도 변화가 해조류 생육과 양식 환경에 영향을 미친다는 연구 결과가 꾸준히 나오고 있다는 사실을 접하면서, 나는 주민이 느끼는 변화가 결코 근거 없는 감상이 아니라는 확신을 점점 갖게 되었다. 숫자나 그래프로 아직 완전히 설명되지 않았을 뿐, 변화는 이미 삶의 현장에서 먼저 감지되고 있었던 것이다. 이 지점에서 나는 과학적 데이터 이전에 사람들의 감각이 가지는 의미를 다시 생각하게 되었다. 바다는 늘 일정한 모습으로 존재하는 것처럼 보이지만, 실제로는 아주 미세한 신호를 통해 끊임없이 상태를 드러내고 있었다.

바다를 떠올릴 때마다, 나는 행정의 언어와 생활의 언어가 얼마나 다른지 자연스럽게 비교하게 되었다. 장기적인 전망과 계획은 대부분 먼 미래를 향해 있지만, 바다를 삶의 터전으로 삼고 있는 사람들에게 중요한 것은 오늘과 내일이었다. 이 간극은 생각보다 컸고, 나는 이 간극이 왜 생기는지, 그리고 어떻게 좁혀질 수 있는지를 계속해서 고민하게 되었다. 바다를 바라보는 시선 역시 그 간극 속에서 달라질 수밖에 없었다.

어민들이 말하는 "요새 물이 덜 살아 있다."거나 "미역이 힘을 못 쓴다."는 표현은 그 자체로는 정확한 과학적 정의를 갖고 있지 않을지 모른다. 하지만 그 말 속에는 오랜 시간 축적된 경험에서 비롯된 판단이 담겨 있었다. 나는 이런 표현들을 단순히 감정적인 말로 치부하지 않고, 바다가 보내는 하나의 신호로 받아들이려 했다.

실제로 국내외 연구에서도 어민이 인지한 해양환경 변화와 관측 결과가 상당히 일치하는 경우가 많다는 점을 알게 되면서, 이런 감각적 언어가 가지는 중요성은 더욱 분명해졌다.

이렇게 생각의 방향이 바뀌면서, 나는 바다를 '말하지 않는 존재'가 아니라 '조용히 말하는 존재'로 인식하게 되었다. 바다는 결코 침묵하지 않았다. 다만 그 목소리는 크지 않았고, 귀 기울이지 않으면 쉽게 지나쳐 버릴 만큼 낮은 음성이었을 뿐이다. 조류의 흐름이 조금 달라지는 것, 태풍 이후 해면의 상태가 예전과 다른 것, 부유물이 늘어나거나 해조류 줄의 팽팽함이 달라지는 것들은 모두 바다가 보내는 메시지처럼 느껴졌다. 그리고 그 메시지를 가장 먼저 감지하는 사람들은 언제나 바다와 가장 가까이 살아온 사람들이었다.

이런 생각을 이어가다 보니, 해조류가 탄소를 흡수하는 과정이나 블루카본이라는 개념 역시 단순한 이론이 아니라, 이미 바다에서 일어나고 있는 현상을 다른 언어로 설명한 것이라는 인식에 이르렀다. 해조류는 오랫동안 완도의 주요 산업이었고, 동시에 바다의 균형을 지탱해 온 존재였다. 그 가치가 이제야 새로운 언어로 조명되고 있다는 사실이 오히려 늦은 감각처럼 느껴지기도 했다.

다른 지역의 변화 이야기를 접할 때마다, 나는 완도의 위치를 자연스럽게 떠올리게 되었다. 태양광이나 대규모 산업 유치를 통해 빠르게 변화를 만들어가는 지역도 있었지만, 완도는 전혀 다른 조건을 가진 곳이었다. 사방이 바다로 둘러싸인 지리적 특성, 해상풍력에 유리한 환경, 해조류 산업이 이미 삶 속에 깊이 뿌리내린 구조는 단기간에 만들어질 수 있는 것이 아니었다. 이런 조건은 시간이 지나면 오히려 더 큰 자산이 될 수 있다는 생각이 들었다.

특히 지역에서 생산한 에너지를 지역에서 소비할 수 있도록 하는 제도적 기반이 마련되고 있다는 흐름을 보며, 완도 같은 지역이 앞으로 어떤 역할을 맡게 될지 상상하게 되었다. 아직 모든 것이 구체화된 것은 아니지만, 중요한 것은 가능성이 사라지지 않았다는 사실이었다. 나는 완도가 뒤늦게 출발한 것이지, 뒤처진 지역은 아니라는 생각을 점점 더 굳히게 되었다.

물론 아무리 좋은 방향이라 해도 그것이 삶과 연결되지 않으면 의미를 갖기 어렵다. 바다와 함께 살아온 사람들에게 변화는 늘 불안과 함께 다가온다. 조업에 영향을 주지는 않을지, 생계에 부담이 되지는 않을지, 이해하기 어려운 개념이 또 다른 부담으로 작용하지는 않을지에 대한 걱정은 너무나 자연스러운 것이었다. 나는 이런 걱정이 변화에 대한 저항이 아니라, 삶을 지키기 위한 질문이라는 사실을 점점 더 분명히 인식하게 되었다.

이 모든 생각을 거치며, 나는 바다의 목소리와 사람의 목소리가 결코 분리되어 있지 않다는 결론에 이르렀다. 바다는 변화로 말하고, 사람은 그 변화를 삶의 언어로 표현한다. 그 둘은 서로 다른 방향을 향하는 것이 아니라, 같은 흐름 안에 존재하고 있었다. 바다의 변화는 허구가 아니었고, 그 변화를 느끼며 살아가는 사람들의 삶 역시 가볍게 다룰 수 있는 문제가 아니었다.

나는 지금도 바다를 떠올릴 때마다 같은 순서를 마음속에 그려본다. 바다는 먼저 신호를 보내고, 사람은 그 신호를 느끼며 살아가고, 사회는 그 신호를 어떻게 받아들일지 선택한다. 이 순서가 거꾸로 될 때, 우리는 종종 중요한 것을 놓치게 된다. 그래서 나는 바다를 대할 때 더 오래 머물고, 더 천천히 바라보려 한다. 바다는 늘 말없이 많은 것을 알려주고 있었고, 나는 이제 그 조용한 목소리를 놓치지 않으려는 쪽에 서 있기로 했다. 이것이 바다를 바라보며 내가 얻은 가장 분명한 인식이며, 앞으로도 변하지 않을 태도라고 믿는다.

II 해조류가 바꾸는 완도의 미래

블루카본과 해조류 혁명

탄소중립에 대해 내가 가장 깊이 공부한 분야가 바로 '블루카본'이었다. 처음 그 단어를 들었을 때만 해도 마치 먼 나라의 이야기 같았고, 솔직히 말하면 우리와 무슨 상관이 있는지조차 감이 오지 않았다. 하지만 하나씩 알아갈수록 나는 점점 확신하게 되었다.

바다에서 평생을 살아온 우리 완도 사람들에게 블루카본은 단순한 환경정책을 넘어, 완도의 미래를 바꿀 수 있는 '진짜 기회'라는 것을. 블루카본이란 바다 속 생태계가 흡수하고 저장하는 탄소를 뜻하는데, 흔히 알려진 갯벌이나 염생식물뿐 아니라 해조류도 탄소를 흡수한다는 사실이 국제적으로 인정받고 있었다.

특히 최근 국제블루카본위원회(IBCC)에서 해조류를 공식 탄소흡수원으로 인정하는 지침을 검토하고 있고, 2027년쯤이면 국가 또는 국제기관에서 해조류 양식을 '탄소흡수 사업'으로 인정할 가능성이 높아지고 있다는 소식을 접했을 때 나는 가슴이 뜨거워졌다. 왜냐하면 바로 완도가 대한민국에서 가장 큰 해조류 생산지이기 때문이다.

우리가 매일 기르고 수확하던 미역, 다시마, 톳, 파래 같은 해조류가 앞으로는 단순한 수산물이 아니라 '탄소를 흡수해주는 자원'이 된다는 뜻이었고, 이 말은 결국 바다를 지키면 돈도 벌 수 있는 구조가 열릴 수 있다는 의미이기도 했다. 실제로 국제적으로도 해조류 기반의 탄소흡수 연구가 활발해지고 있으며, 여러 나라에서 해조류를 활용한 탄소저감 사업이 추진되고 있다는 보고가 나오고 있다.

무엇보다 내가 관심을 둔 것은 '해조류 기반 사료첨가제' 연구였다. 호주에서는 이미 몇 년 전부터 바다고리풀을 이용해 소의 메탄 배출을 80~90%까지 줄일 수 있다는 연구 결과가 발표되었고, 이는 세계 축산업 전체의 탄소배출 구조를 바꿀 수 있는 혁신적인 발견이었다.

나는 그 자료를 보고 놀랄 수밖에 없었다. 세계가 주목하는 이 혁신의 중심에 '해조류'가 있고, 대한민국에서 해조류를 가장 많이 기르는 곳이 바로 '완도'였기 때문이다.

'바다고리풀'은 호주의 연방과학산업연구기구(CSIRO)가 개발한 기술로 유명하다. '바다고리풀' 이 작은 해조류 한 종이 축산업 전체의 탄소 배출 구조를 바꿀 수 있다는 사실은 단순한 혁신을 넘어 탄소 중립 전략의 핵심 축이 될 가능성을 의미한다.

완도군이 이 품종에 주목한 이유도 여기에 있다. 바다고리풀은 먹거리로 쓰이지 않는 비식용 해조류이며, 특히 여름철 양식장의 휴면기에도 기를 수 있어, 기존 다시마·미역·톳 재배가 끝난 시기의 바다 공간을 활용할 수 있는 장점이 있다. 그만큼 완도의 바다를 연중 자원화할 수 있고, 바다 휴지기를 새로운 산업 기회로 바꿔낼 수 있다.

현실적으로 국내 축산 구조와 호주의 연구 환경이 다르기 때문에 수치를 그대로 적용할 수는 없지만, "해조류가 메탄가스 저감에 기여할 수 있다."는 사실 자체는 이미 여러 논문과 기관에서 검토되고 있었고, 이 가능성은 완도의 해조류 산업에 새로운 시장이 열릴 수 있음을 의미했다. 나는 이 내용을 주민들에게 설명할 때 이렇게 말했다.

"우리가 기르는 미역 한 줄, 다시마 한 장이 앞으로는 탄소를 잡아먹고 온실가스를 줄이는 역할까지 하게 될 수 있습니다. 즉, 미역을 기르는 일이 곧 탄소중립이고, 그게 또 우리에게 수익이 될 수도 있는 시대가 오고 있습니다."

이 말을 처음 들은 주민들은 처음엔 생소해하며 웃었지만, 나중에는 "우리가 하던 일이 환경을 지키는 일이라면 그것보다 더 좋은 일이 어디 있나?"며 진지한 눈빛으로 바뀌곤 했다.

해조류 양식은 이미 우리에게 익숙한 산업이고, 매년 해조류를 수확하는 과정은 완도 특유의 삶과 풍경을 만들어왔다. 그런데 그 일이 앞으로는 완도의 가장 강력한 경쟁력이 될 수도 있다는 사실이 점점 선명해졌다.

해조류가 탄소흡수원으로 인정되면 완도는 어떤 길을 갈 수 있을까? 나는 이 질문을 오래 고민했다. 먼저, '탄소흡수량 인증'이 가능해지면, 어민과 지자체는 해조류를 기르는 것만으로도 '탄소배출권'을 확보할 수 있게 되고, 이를 기업에 판매해 수익을 얻는 구조가 열릴 수 있다.

국가에서도 이 구조를 지원하기 위해 제도적 기반을 마련해야 한다는 목소리가 커지고 있고, 실제로 여러 지자체가 해조류 조사를 바탕으로 블루카본 사업화를 추진 중이다. 완도가 이 흐름을 선도한다면 '해조류 생산지 1위'라는 현 위치에 머무르는 것이 아니라 '대한민국 블루카본 중심지'로 올라설 수 있다.

어민들은 해조류를 더 건강하게 기르기만 해도 탄소흡수량을 인정받을 수 있고, 지자체는 블루카본 총량을 바탕으로 국가에 새로운 산업모델을 제시할 수 있다.

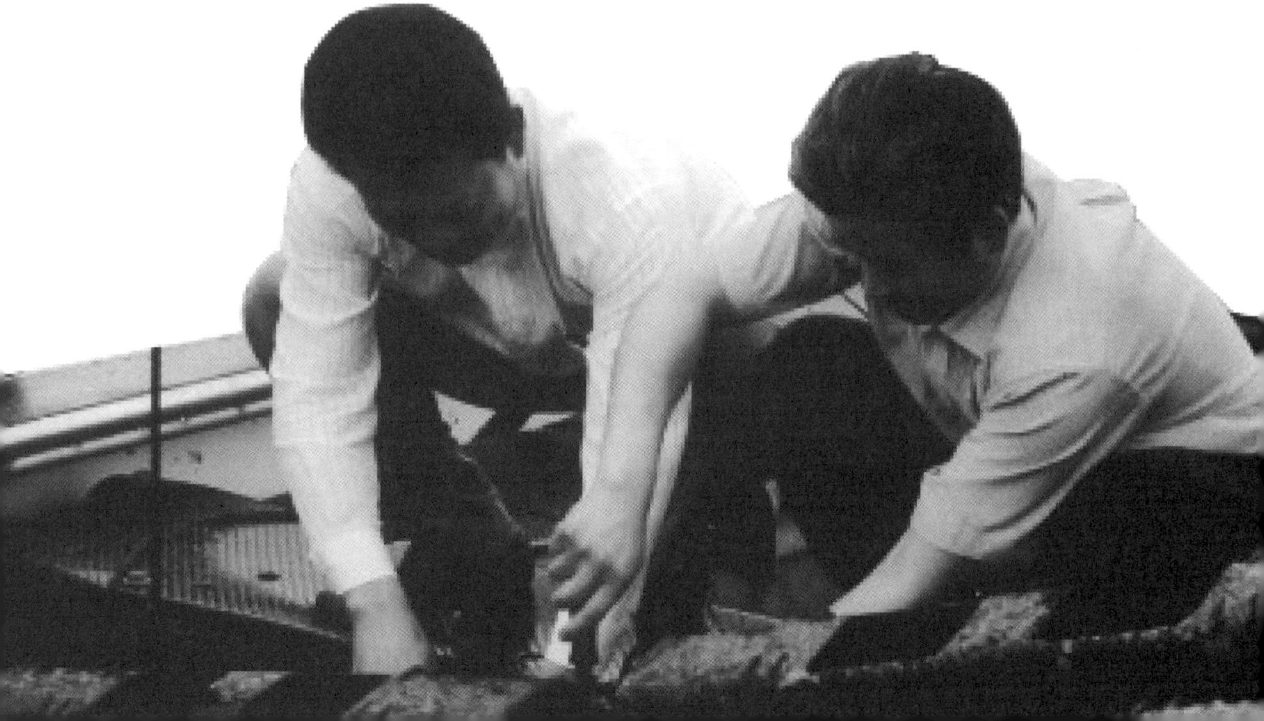

이 과정은 단순한 수익 이상의 의미를 갖는다. 바다의 생태가 회복되고, 해조류의 건강성이 높아지며, 완도의 수산업과 관광·연계 산업까지 새로운 활기를 찾을 수 있기 때문이다. 나는 또한 블루카본이 완도의 '미래 산업 지도'를 완전히 새롭게 바꿀 수 있다고 생각했다.

예를 들어 해조류를 단순히 식탁용으로 판매하는 것에서 끝나는 것이 아니라, 사료첨가제, 바이오 신소재, 의약품 원료, 기후산업 소재 등으로 확장될 수 있고, 이를 기반으로 가공공장, 물류, 연구센터, 탄소거래센터까지 유치할 수 있는 가능성이 열려 있다.

이런 산업은 모두 해조류 기반의 블루카본과 직접 연결된다. 즉, 해조류가 단순한 먹거리가 아니라 국가가 필요로 하는 '탄소 중화 자원'이 되는 것이다. 나는 이런 이야기를 할 때마다 항상 주민들에게 강조한다.

"완도는 이미 해조류 산업의 중심지입니다. 그런데 이제는 그 산업이 환경을 지키는 역할까지 하게 됩니다. 우리가 해오던 일이 그대로 미래의 먹거리가 됩니다. 이것은 어쩌면 완도에게 주어진 시대적 기회입니다."

블루카본은 완도를 바꿀 수 있는 아주 현실적이면서도 강력한 미래 전략이다. 해조류를 기르는 일은 완도가 가장 잘하는 일이고, 그 일이 국제적으로 인정받을 수 있는 시대가 오고 있다. 나는 이 흐름을 결코 놓쳐서는 안 된다고 생각한다. 완도의 미래는 바다에서 시작하고, 바다를 다시 일으킬 수 있는 가장 확실한 힘이 바로 해조류와 블루카본이기 때문이다.

조계종 총무원장 진우 스님과 환담

해상풍력과 새로운 에너지의 시대

해상풍력이라는 주제가 처음에는 그저 '바람으로 전기를 만든다' 정도의 단순한 이해였지만, 관련 자료를 깊이 공부하고 여러 지역의 사례를 살펴보면서 나는 해상풍력이 단순한 재생에너지를 넘어 앞으로 지역의 운명을 바꿀 수 있는 힘을 가진 산업이라는 사실을 깨닫게 되었다.

특히 완도처럼 사방이 바다로 둘러싸인 지역은 해상풍력에 있어서 그야말로 최적의 입지였다. 해상풍력은 바람이 강하고 고르게 부는 곳일수록 효율이 높아지는데, 우리 완도 해역은 여러 해양 자료에서도 우수한 풍력 잠재력을 보유한 것으로 나타나 있다. 그리고 무엇보다 중요한 점은 해상풍력이 태양광보다 전력 생산량이 훨씬 크고 안정적이라는 것이다.

태양광은 기상 조건의 영향을 많이 받지만, 해상풍력은 변동성이 훨씬 적다. 그래서 나는 점점 확신하게 되었다. "완도의 미래는 바람에서 비롯될 수 있다."는 사실을.

그러나 아무리 좋은 조건을 갖춰도 실제로 추진되기 위해서는 지역사회의 '수용성'이라는 절대적인 벽을 넘어야 했다. 풍력단지를 조성하기 위한 바다 공간은 어민들의 조업 구역과 겹칠 수 있고, 양식장과의 거리 문제나 설치 후의 영향에 대한 우려 또한 당연히 있을 수밖에 없었다.

나는 그 우려를 절대로 가볍게 여기지 않았다. 바다를 삶으로 삼아온 사람들에게 바다는 단순한 공간이 아니라 생계 그 자체이기 때문이다. 하지만 전국의 사례를 살펴보니 이 문제를 풀 수 있는 방법이 없는 것은 아니었다. 특히 신안군의 사례는 내게 큰 울림을 주었다. 신안은 해상풍력을 추진하면서 '주민 이익 공유 모델'을 만들었고, 주민들이 매년 수백만 원에서 많게는 1천만 원 이상을 받을 수 있도록 제도화했다.

그 결과 주민들의 수용성이 크게 높아졌고, 지역 발전과 주민의 삶이 함께 나아갈 수 있는 방향이 만들어졌다. 나는 이 사례를 공부하면서 완도에도 충분히 적용할 수 있다고 생각했다.

완도는 풍력 잠재력에서도, 바다 면적에서도 결코 뒤지지 않는다. 다만 우리가 늦게 출발했을 뿐이다. 그러나 늦게 출발한 것이 반드시 뒤처지는 것을 의미하지 않는다. 오히려 더 나은 제도와 모델을 적용할 수 있는 장점도 있다.

나는 여러 회의에서 "해상풍력이 추진되어야 한다!"는 말을 단순히 에너지의 문제가 아니라 '주민의 소득과 지역의 미래'라는 관점에서 설명했다.

해상풍력은 단순히 전기를 만드는 역할만 하는 것이 아니라, 전기를 기반으로 한 새로운 산업을 끌어오는 힘을 가진다.

최근 정부에서 '지역에서 생산된 에너지를 지역에서 소비할 수 있는 법적 기반'을 마련하면서, 앞으로 산업단지가 전력을 이유로 지방으로 이동할 가능성이 커졌다. 전력 사용량이 많은 첨단 공장이나 데이터센터 같은 기업은 안정적으로 큰 전력을 확보할 수 있는 지역을 선호한다.

해남이 이미 대규모 데이터센터 유치에 성공한 것도 그 때문이다. 나는 해남의 성공이 부럽기도 했지만, 동시에 이렇게 생각했다.

"완도는 해남보다 나은 조건을 갖고 있다. 해상풍력에서는 우리가 훨씬 앞서 나갈 수 있다."

완도는 사방이 바다라는 지리적 장점이 있고, 풍력 생산량에서도 높은 잠재력을 지니고 있다. 그러니 우리가 해상풍력을 제대로 추진한다면 완도는 새로운 산업을 끌어올 수 있는 힘을 갖게 된다. 더 나아가 나는 해상풍력과 수소경제의 연결 고리에도 큰 가능성을 느꼈다.

세계적으로 탄소중립 시대의 최종 에너지원으로 '그린수소'가 주목받고 있다. 그린수소는 바로 전기분해를 통해 물에서 수소를 뽑아내는 방식인데, 그 과정에 엄청난 양의 전기가 필요하다. 즉, 값싸고 안정적인 전기를 많이 생산할 수 있는 지역이 곧 수소경제의 중심지가 된다. 완도는 바로 그 조건을 갖추고 있다.

해상풍력으로 생산된 전기를 이용해 친환경 수소를 생산하는 기지를 만들 수 있고, 이는 국가 전략산업으로 이어질 수 있다.

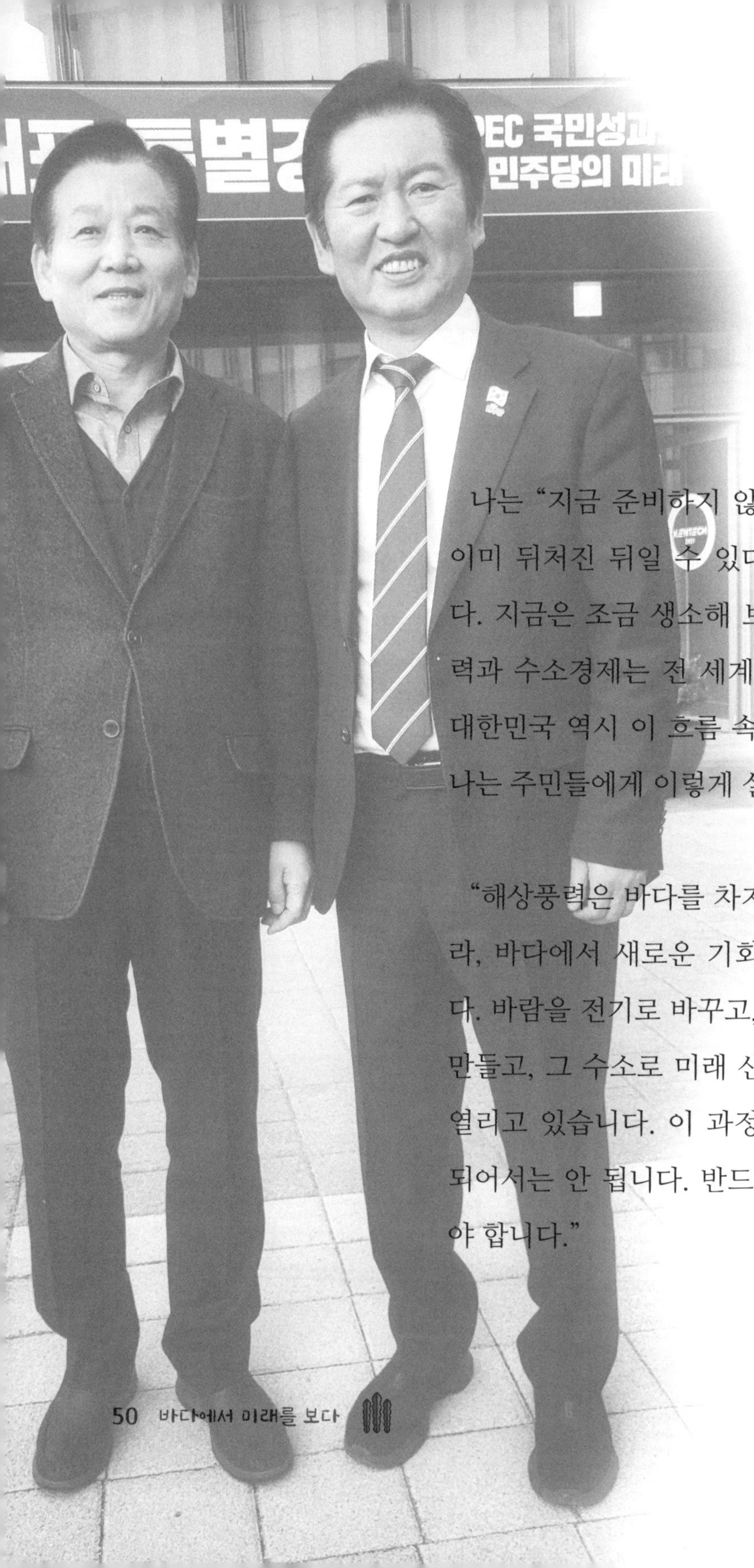

나는 "지금 준비하지 않으면 10년 뒤에는 이미 뒤처진 뒤일 수 있다."는 점을 강조했다. 지금은 조금 생소해 보일지라도, 해상풍력과 수소경제는 전 세계가 가는 흐름이며, 대한민국 역시 이 흐름 속에 뛰어들고 있다. 나는 주민들에게 이렇게 설명한다.

"해상풍력은 바다를 차지하자는 것이 아니라, 바다에서 새로운 기회를 찾자는 것입니다. 바람을 전기로 바꾸고, 그 전기로 수소를 만들고, 그 수소로 미래 산업을 만드는 길이 열리고 있습니다. 이 과정에서 주민이 소외되어서는 안 됩니다. 반드시 주민과 함께 가야 합니다."

나는 이 말을 할 때마다 책임감을 크게 느낀다. 해상풍력은 반드시 주민의 삶과 연결되어야 하며, 완도가 이 산업을 받아들이는 과정에서 주민들이 가장 큰 수혜자가 되어야 한다. 그것이 없다면 어떤 발전도 지속될 수 없다. 그래서 나는 앞으로 완도가 만들어야 할 해상풍력 모델은 단순히 시설 설치가 아니라 '주민 참여형'이어야 하고, 조업권과 양식장 보호를 최우선으로 고려하는 방식이어야 한다고 확신한다.

해상풍력은 완도에게 지나가는 바람 한 번으로 끝나는 일이 아니다. 그것은 완도의 미래를 다시 설계할 수 있는 힘이고, 그 힘을 제대로 사용하기 위해서는 지금 이 시점에서 주민과 행정이 함께 준비해야 한다. 나는 그 변화를 바다에서 이미 느끼고 있다. 이제 그 변화를 완도의 기회로 만드는 것이 우리의 몫이다.

완도형 에너지 전환 모델을 꿈꾸다

해상풍력과 블루카본에 대한 논의를 계속하다 보니 나는 “완도는 어떤 방식으로 에너지 전환을 준비해야 하는가?”라는 질문에 자연스럽게 다다르게 되었다. 유명 기업이 들어오고 대규모 인프라가 구축되는 모습은 언뜻 보면 멋있고 화려해 보일 수 있다.

나는 늘 생각했다. 완도는 완도답게 가야 한다고. 남이 했던 방식을 그대로 따라간다고 해서 완도의 미래가 자동으로 열리는 것이 아니다. 완도는 사방이 바다인 지역이고, 해조류와 수산업을 중심으로 성장해온 곳이며, 주민의 삶이 자연과 밀접하게 연결된 지역이다. 그러니 완도가 만들 에너지 전환 모델은 반드시 바다와 수산업, 그리고 주민의 생계를 동시에 지킬 수 있어야 한다.

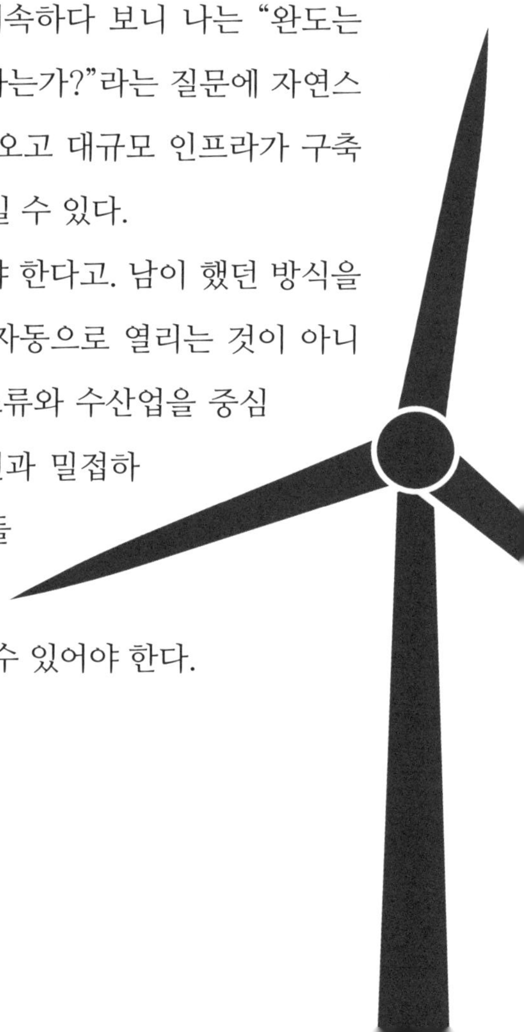

나는 그 핵심을 '분산형 에너지 모델'에서 찾았다. 지금까지 대한민국의 대부분 발전 구조는 한 지역에서 대규모로 생산한 전기를 먼 곳에 보내는 형태였다. 하지만 신재생 에너지 시대가 다가오면서 구조가 크게 달라졌다. 전기를 많이 쓰는 지역보다, 전기를 많이 만들 수 있는 지역이 더 중요해지는 시대가 오고 있었고, 그 과정에서 '지역이 생산한 에너지를 지역에서 소비하는' 방식이 매우 큰 의미를 갖기 시작했다.

이런 변화는 완도에게 새로운 기회를 열어주었다. 완도는 넓은 해역을 활용해 해상풍력을 만들 수 있고, 어민과 협력해 조업권과 양식장 안전을 해치지 않는 방식으로 조성한다면 지속 가능한 전력 생산지가 될 수 있다.

이렇게 생산한 전기를 단순히 외부로 보내는 것이 아니라 완도 내부에서 활용할 수 있게 된다면, 완도는 '전기를 만드는 지역'을 넘어 '전기를 기반으로 산업을 키우는 지역'으로 발전할 수 있다.

나는 여러 자료를 보면서 지역 내부에서 전기를 사용해 새로운 산업을 만들 수 있는 방향을 고민했다. 예를 들어 저온·급속 냉동 기술, 친환경 해조류 가공공장, 수산식품 저장센터 같은 시설은 모두 전력 사용량이 높지만 자연환경을 크게 훼손하지 않는다. 이런 산업은 완도에 잘 맞고, 고용도 창출할 수 있으며, 지역 경제에도 효과적이다.

특히 냉동·저장 기술은 앞으로 수산업의 경쟁력을 좌우하는 핵심 요소가 될 것으로 보인다. 지금까지는 많은 수산물이 생산지에서 저장·가공하지 못해 가치를 잃었지만, 전력을 안정적으로 공급받을 수 있다면 생산지에서 바로 고품질 가공을 진행해 부가가치를 높일 수 있다.

나는 이 부분을 매우 중요하게 본다. 완도가 스스로 생산한 에너지를 완도의 산업에 사용하는 구조가 만들어지면, 완도의 경제는 외부에 의존하지 않고 스스로 성장할 힘을 갖게 된다. 더 나아가 나는 해상풍력 전기를 이용한 중소형 수소생산시설도 고민했다.

대규모 수소기지는 이미 여러 지자체에서 경쟁적으로 추진하고 있지만, 완도는 그 경쟁 구도에 뛰어들 필요가 없다고 생각했다. 대신 완도는 완도다운 방식으로 가야 한다. 작은 규모라도 일상적 수요와 산업 수요를 충족할 수 있는 '지역 맞춤형 수소 생산'이 가능하다면, 이는 완도 내 친환경 선박·해상 운송·양식장 운영 등과 연계해 큰 시너지를 낼 수 있다.

예를 들어 친환경 동력 선박은 앞으로 어업과 해양관광에서 중요한 역할을 하게 될 것이다. 지금은 디젤 연료를 사용하지만, 신재생 기반의 전기나 수소로 전환된다면 운영 비용이 줄고 환경도 지킬 수 있다.

완도는 바다를 기반으로 한 산업이 많기 때문에, 이런 전환이 잘 이루어지면 지역의 경쟁력이 크게 높아질 수 있다.

나는 주민들과 대화를 나누며 가장 자주 듣는 말이 있었다. "미래가 멀게만 느껴진다."는 말이었다. 나는 그 마음을 충분히 이해했다. 눈앞의 생계가 먼저이고, 매년 변하는 바다 상황에 적응하는 것만으로도 벅찰 때가 많다. 그래서 나는 완도의 에너지 전환 모델은 절대 복잡하거나 거창해서는 안 된다고 생각했다.

해상풍력·수소·신재생 이런 단어들이 중요한 것이 아니라, 그 결과가 주민의 삶에 어떤 변화를 가져오는지가 더 중요하다. 예를 들어 전기를 지역에서 생산하고 지역에서 소비할 수 있으면, 완도의 전력 비용 자체가 낮아질 수 있다. 전력 비용이 낮아지면 양식장 운영비도 줄고, 어업용 장비·저장시설·제빙시설 등도 더 낮은 비용으로 관리할 수 있다. 이런 변화는 눈에 보이지 않는 듯하지만, 실제로는 주민의 지출을 줄이고 소득을 늘리는 매우 현실적인 변화이다. 그렇기에 나는 늘 이점을 강조한다.

"완도형 에너지 모델은 주민의 부담을 줄이는 모델이어야 합니다. 산업단지를 유치하더라도 주민과 어업·양식 산업이 함께 성장할 수 있는 구조여야 합니다."

에너지 전환이라는 말은 전문적이고 어려운 것 같지만, 사실 그 뿌리는 주민의 삶이다. 주민의 생계가 나아지지 않는 에너지 전환은 실

패한 정책이고, 주민이 중심에 서지 않는 산업 유치는 지속될 수 없다.

나는 완도의 에너지 전환 모델을 이렇게 정의하고 싶다.

"바람에서 전기를 만들고, 전기로 산업을 만들고, 산업으로 일자리를 만들되, 그 바탕에 완도 주민의 삶을 두는 것."

결국 완도의 미래는 바다에서 시작되고, 바다가 주는 힘을 어떻게 활용하느냐에 따라 완도의 10년, 20년 뒤가 달라진다. 나는 그 미래를 주민들과 함께 만들고 싶다. 완도형 에너지 전환 모델은 남들이 가는 길을 따라가는 것이 아니라, 완도가 스스로 선택한 길을 만들어가는 과정이다. 그리고 나는 그 길이 분명히 열려 있다고 믿는다.

III 에너지 전환, 완도의 새로운 기회

완도의 바다, 다시 바라보다

요근래 내가 가장 크게 달라진 점은 '바다를 바라보는 관점' 자체가 완전히 바뀌었다는 것이다.

이전의 나는 바다를 그저 생업의 공간, 어민들이 삶을 꾸려가는 터전으로만 생각했다. 그 시절의 내 사고방식은 매우 단순했고, 바다는 오직 '먹고사는 일'과 연결되는 장소였다. 그러나 정책을 논의하고, 전국의 사례를 살피며, 국가의 탄소중립 전략을 공부하며 나는 점점 깨달았다.

바다는 단순한 자연이 아니라, 정책·경제·기술·미래 산업·지역 공동체까지 모든 것이 연결되는 종합적 공간이라는 사실을. 이 깨달음은 나에게 큰 충격이었다. 왜냐하면 그동안 나는 바다를 너무 좁게 이해하고 있었기 때문이다. 특히 정부 자료를 통해 "해양은 육상보다 훨씬 큰 탄소 저장 능력을 지닌다."는 사실, "전 세계 재생에너지의 중심이 해양으로 이동하고 있다."는 사실을 접하면서 나는 완도의 바다가 단순히 아름답고 풍요로운 자연을 넘어 미래 산업의 중심이 될 수 있는 공간이라는 점을 처음으로 명확히 인식하게 되었다.

이렇게 관점이 바뀌자 내 눈에 비친 완도는 완전히 다른 지역이 되었다. 이전의 완도는 '섬이 많고 거리가 먼 지역'이었지만, 새로운 관점에서 바라본 완도는 '대한민국에서 가장 넓은 해양 잠재력을 가진 곳'이었다. 육지 중심 사고로 보면 완도는 변두리처럼 느껴질 수 있지만, 해양 중심으로 바라보면 완도는 오히려 대한민국의 중심축이 될 수 있는 지역이었다.

이런 사실을 깨닫고 나서 완도가 가진 가치를 훨씬 더 크게 느끼기 시작했다. 완도는 단순히 수산업 중심의 지역이 아니라, 블루카본·해상풍력·해양수소·해양바이오·해양관광·스마트양식 등 미래산업의 집합체가 될 수 있는 조건을 모두 갖춘 지역이라는 사실을 공부할수록 실감하게 되었다. 이 깨달음은 내게 책임감을 더 크게 만들었다.

"우리가 바다를 어떻게 바라보느냐에 따라 완도의 미래가 달라진다." 는 사실을 인정하자, 나는 바다를 다시 본다는 것이 단순한 풍경 감상이 아니라, 완도가 어떤 방향으로 성장해야 하는지 판단하는 기준을 완전히 새롭게 세우는 일이라는 것을 느꼈다.

예를 들어 기존에는 해조류 산업을 수산업의 한 분야로만 생각했다면, 이제는 해조류가 기후 위기에 대응하는 전략 자원이자, 탄소중립 시대에 완도의 경쟁력을 결정하는 핵심 산업이라는 관점으로 바라보게 되었다.

또 과거에는 바람이 센 완도의 특성을 '불편함'으로 생각했지만, 이제는 대한민국에서 가장 안정적으로 대규모 풍력을 생산할 수 있는 강점이라는 측면으로 보게 되었다. 바람이 불어 불편했던 일상이, 미래에는 완도의 경제를 지탱하는 중요한 기반이 될 수 있다는 점을 깨달은 것이다.

이처럼 바다를 다시 본다는 것은 단순히 자연의 위치를 다시 확인하는 과정이 아니라 완도라는 지역 전체를 재해석하는 과정이었다.

나는 정책을 공부하며 더 명확히 알게 되었다. 해양 중심 국가들은 이미 10년 전부터 해양을 기반으로 산업을 재편하고 있었고, 유럽과 동남아 여러 국가는 해양 탄소흡수·해양재생에너지·해양생태복원 등을 국가 단위 프로젝트로 진행하고 있었다. 그런데 완도는 그 어떤 지역보다 이 조건에 잘 맞았다.

우리는 바다를 갖고 있었고, 바다를 활용해 살아온 경험을 갖고 있었고, 바다에 대한 주민들의 이해도가 높았다. 즉, 완도는 '해양 미래 산업'을 가장 현실적으로 추진할 수 있는 기반을 이미 갖추고 있던 것이다.

다만 그동안 우리는 바다를 과거의 시선으로만 바라보고 있었기 때문에 이 가치에 스스로 눈뜨지 못했다. 이런 생각은 점점 더 확고해졌다.

"바다를 다시 보지 않으면 완도의 미래는 열리지 않는다."

바다는 단순히 물결 치는 자연이 아니라, 다가오는 시대의 중심이 될 가장 거대한 자원이고, 완도의 모든 가능성은 결국 이 바다 위에서 열린다. 그래서 나는 더 넓은 시야로 바다를 보기 위해 여러 전문가의 이야기를 듣고, 다른 지역 정책 사례를 살펴보고, 국제 자료까지 찾아 읽었다. 그 과정에서 한 가지 공통점을 발견했다.

미래를 준비하는 지역일수록 바다를 산업·환경·문화·경제가 결합된 통합 공간으로 바라본다는 점이다. 육지만 바라보는 시대는 끝나고 있었다.

이제는 바다를 잘 이해하는 지역이 경쟁력을 가지는 시대가 오고 있었다. 나는 주민들에게 항상 이 점을 설명하고 싶었다.

"바다를 잘 보아야 완도의 미래가 보입니다. 우리가 바다를 어떻게 바라보느냐가 완도를 어디로 이끄느냐를 결정합니다."

지금 이 순간에도 나는 그 확신을 갖고 있다. 바다는 완도의 모든 가능성과 미래가 흐르는 길이다. 그리고 나는 이제 그 바다를 예전과는 전혀 다른 눈으로 바라보고 있다. 그 변화는 결코 감상적인 변화가 아니라, 완도의 미래를 향한 실질적인 시각 변화다.

나는 이제 완도의 바다를 생업의 터전으로서뿐 아니라 산업과 정책, 기후와 경제가 만나는 '미래 전략 공간'으로 바라본다. 이것이 내가 바다를 다시 보는 이유이고, 앞으로 완도가 가야 할 길을 제시할 때 가장 중요한 기준이라고 믿는다.

완도에서 배우는 지속가능성의 원리

나는 '지속가능성'이라는 개념을 가장 완도다운 방식으로 이해하게 됐다. 그동안 지속가능성이라는 단어는 책이나 강의에서 많이 들었지만 어딘가 추상적이고 먼 이야기처럼 느껴졌다.

그러나 완도에서 정책을 준비하고 주민들과 마주하며 느낀 지속가능성은 환경학 교과서나 국제 보고서 속 개념과는 전혀 다른 것이었다.

그것은 바다와 땅, 사람과 일상이 이어지는 아주 구체적이고 생활적인 개념이었다.

나는 완도 주민들과 이야기를 나누면서 이곳의 지속가능성은 거창한 선언이나 기술 용어 전에 '오래도록 살아갈 수 있는 구조'를 만드는 것에서 출발한다는 사실을 배웠다. 오래도록 살아갈 수 있는 구조란 바로 오늘의 생계와 내일의 미래가 충돌하지 않는 상태를 말한다.

즉, 오늘 먹고사느라 내일을 해치지 않는 것, 지금의 편리함 때문에 다음 세대의 선택권을 빼앗지 않는 것이다. 나는 이 점을 완도에서 가장 많이 느꼈다. 완도의 어민들은 오랜 세월 양식과 어업을 해왔고, 그 과정에서 생태계의 한계를 자연스럽게 이해하며 살아왔다.

어느 시기에는 너무 많이 잡으면 다음 해에 물량이 줄어든다는 사실을 알고 있었고, 새로운 양식줄을 설치할 때도 바다의 상황과 조화를 이루기 위해 지혜를 나누었다. 이런 생활 속 경험은 '자원 관리'라는 표현보다 훨씬 깊은 의미를 갖고 있었다.

이것은 그들이 바다와 경쟁하는 것이 아니라 바다와 조화를 이루며 생계를 꾸려온 방식이었고, 나는 여기에서 지속가능성의 첫 번째 원리를 보았다. '자원을 이길 수 없다는 사실을 아는 것', 이것이 바로 완도가 가진 지속가능성의 출발점이다. 이 원리를 이해하고 나자 정책을 바라보는 관점도 달라졌다. 예를 들어 탄소중립 정책이 아무리 훌륭해도 주민의 삶과 맞지 않으면 지속될 수 없다는 점을 나는 명확하게 깨달았다. 이것은 이론이 아니라 완도의 일상이 보여준 진실이었다.

주민이 참여하고 공감해야 정책은 비로소 지속가능해진다. 나는 위원회 안에서 늘 이 점을 강조했다. 완도는 정책을 만들어서 주민에게 내려보내는 방식으로는 절대로 변화할 수 없다. 완도의 지속가능성은 언제나 주민이 중심이 되고, 주민의 경험과 합리적 판단이 정책을 움직이는 힘이 되어야 한다.

그래서 나는 정책을 설명할 때도 전문 용어보다 주민의 언어를 사용했다. '탄소흡수량 인증', '녹색전환' 같은 표현 대신 '우리의 일상 속에서 미래를 지키는 방법', '지금처럼 일해도 내일이 더 좋아지는 구조'라고 설명했고, 주민들은 그제야 고개를 끄덕였다.

완도식 지속가능성의 두 번째 원리는 바로 '지역이 가진 고유함을 지키는 것'이다. 완도는 수많은 지역과 경쟁해야 하는 위치가 아니었다. 오히려 완도만이 가진 특성을 제대로 활용하면 그 자체로 지속가능한 성장 동력이 될 수 있었다.

해조류 산업, 청정 바다, 섬과 섬이 이어진 구조, 풍부한 풍력 자원은 모두 완도만의 고유한 자산이었다.

나는 늘 강조했다. "우리가 가진 것을 지키는 것이 곧 경쟁력입니다. 외부에서 새로운 것을 억지로 끌어올 필요가 없습니다." 이러한 원리는 산업 전략에서도 중요한 기준이 되었다.

완도는 거대한 제조공장을 유치하는 데 유리한 지역이 아니다. 하지만 해조류·해상풍력·해양수산·청정 식품·생태관광 같은 분야에서는 전국 어디보다 탁월한 위치에 있다.

그렇다면 지속가능한 완도를 만들기 위해서는 이러한 고유 자원을 기반으로 산업 체계를 만들고 확장해야 했다. 즉, 완도는 '모든 산업을 하려고 하는 지역'이 아니라 '잘할 수 있는 분야를 중심으로 미래를 준비하는 지역'이어야 했다.

완도의 지속가능성 세 번째 원리는 '공동체가 함께 가는 구조'를 만드는 것이다.

나는 주민들과 대화를 하면서 완도의 가장 큰 힘이 곧 공동체라는 사실을 자주 느꼈다. 서로의 일을 알고, 서로의 어려움을 알고, 갈등이 생겨도 끝내 풀어내는 힘이 있었다.

이런 공동체에서 지속가능한 정책은 반드시 '상생'을 기반으로 해야 했다. 예를 들어 해상풍력을 추진한다면 주민의 조업권 보호와 이익 공유가 반드시 포함되어야 하며, 블루카본 사업이 추진된다면 수익이 특정 계층에게만 돌아가는 것이 아니라 마을 전체가 함께 혜택을 누릴 수 있는 구조여야 한다. 공동체가 참여하지 않는 정책은 결코 지속될 수 없다.

그래서 나는 늘 "완도의 정책은 완도가 정해야 한다!"는 말을 강조했다. 외부의 기준이나 일회성 사업이 아니라, 주민들 스스로가 인정하고 원하는 방향으로 정책이 설계돼야 한다. 나는 이 세 가지 원리를 통해 '완도형 지속가능성'이라는 개념을 뚜렷하게 정의할 수 있었다.

첫째, 바다와 자연의 한계를 인정하고 조화를 이루는 생활 방식.

둘째, 완도만의 고유성을 지키고 그것을 기반으로 미래 전략을 세우는 것.

셋째, 공동체 전체가 혜택을 나누며 함께 변화하는 구조를 만드는 것.

이 세 가지 원리가 조화를 이루어야만 완도는 10년 뒤에도, 20년 뒤에도, 그 이상으로도 여전히 활기 있는 지역으로 남을 수 있다.

나는 이 원리를 깨달은 뒤 정책을 만들고 회의를 준비하는 방식 자체가 달라졌다. 이제 나는 바다를 볼 때 자연만 보는 것이 아니라 미래 산업의 방향을 함께 본다. 주민을 만날 때는 개인의 삶만 보는 것이 아니라 공동체 전체의 구성을 함께 본다.

완도라는 지역을 바라볼 때는 현재의 모습만 보는 것이 아니라 다음 세대가 살아갈 완도의 모습까지 상상한다. 지속가능성이란 결국 우리가 쓸 만큼만 쓰고, 우리가 누릴 만큼만 누리며, 다음 세대에도 그 기회가 남아 있도록 하는 것이다.

이 단순한 원리가 완도에서는 오히려 더 명확하게 이해됐다. 바다 없이는 살 수 없는 지역, 자연과 떨어질 수 없는 삶 속에서 지속가능성은 선택이 아니라 생존의 방식이었다. 그리고 나는 이 방식이 바로 완도가 앞으로 나아갈 길이라고 믿는다. 완도가 가진 강점을 지키고, 주민이 중심이 되는 변화를 만들고, 자연과 산업이 충돌하지 않는 구조를 만드는 것.

이것이 완도에서 배운 지속가능성의 원리이며, 내가 앞으로도 놓지 않을 가장 중요한 기준이다.

'완도자연그대로 농업' 발전을 위한
25년 새해농업인실용교육
완도군농업기술센터

새로운 완도를 향한 상상

나는 어느 순간부터 '완도의 미래'라는 주제를 더욱 구체적으로 상상하게 되었다.

예전의 나는 완도의 미래를 말할 때 단순히 '더 살기 좋은 완도', '일자리 많은 완도'처럼 막연한 표현만 떠올렸다. 하지만 여러 정책 자료를 읽고, 국내외 사례를 살펴보고, 전문가와 주민의 목소리를 함께 들으며 나는 점점 완도를 향한 나만의 명확한 그림을 만들기 시작했다.

그 그림은 거창한 수식어가 붙은 개발 계획이 아니라, 완도가 가진 자원을 오래 지키면서도 새로운 산업과 기술을 담아낼 수 있는 현실적인 미래지도였다. 나는 그것을 '새로운 완도의 상상'이라고 부른다.

이 상상 속 완도는 단순히 변화하는 지역이 아니라, 자연과 산업, 공동체와 기술이 서로 모순되지 않고 조화를 이루는 지역이다. 이 상상이 시작된 계기는 단순했다. 어느 날 회의가 끝난 뒤 혼자 바다를 바라보며 문득 이런 생각이 들었다. "지금까지 우리는 완도를 설명할 때 늘 과거의 언어를 사용해 왔구나. 다시마, 미역, 청정바다, 관광… 이것들만으로는 미래를 설명하기 어렵다." 그 순간 나는 완도가 가진 자산을 '과거형'으로만 바라봐서는 안 된다는 사실을 깨달았다.

완도는 과거의 자산을 미래의 언어로 다시 해석해야 했다. 그래서 나는 완도가 가진 요소들을 하나하나 다시 바라보기 시작했다. 바다는 더 이상 단순히 어업 기반이 아니라 청정에너지·탄소흡수·미래 해양산업의 플랫폼이었고, 해조류는 단순 수산물이 아니라 탄소중립 산업의 핵심 자원이었다.

완도의 섬 구조는 단절이 아니라 해양 모빌리티·친환경 운송 체계를 구축하기 좋은 조건이었다. 그동안 불리하게 여겨졌던 지리적 거리도, 잘만 활용하면 '해양 중심 산업'에서는 오히려 장점이 될 수 있었다.

이처럼 완도를 새롭게 바라보니, 완도는 이미 충분히 '미래를 준비할 수 있는 단서들을 곳곳에 갖추고 있는 지역'이었다. 나는 이러한 관점의 전환을 토대로 '완도가 다음 20년 동안 준비해야 할 구체적인 미래'를 상상해보았다.

그 상상의 첫 번째 요소는 지속가능한 해양 기반 산업 구조였다.

해조류·연근해 어업·양식업이 결코 사라지는 산업이 아니라, 기술과 결합해 경쟁력을 더 갖는 산업으로 바뀌어야 했다. 예를 들어 스마트양식 기술, 친환경 선박 전환, 냉동·가공시설 현대화는 그 자체로 지역경제를 안정시키는 기반이 될 수 있다. 이는 기존 주민들의 생계를 가장 튼튼하게 지키는 변화이기도 했다.

나는 늘 이렇게 말한다.

“바뀌는 세상에 맞추되, 우리가 가장 잘하는 일을 버려서는 안 됩니다.”

두 번째 요소는 에너지 자립도를 높이는 완도형 구조였다.

완도는 해상풍력, 태양광, 조류발전 등 해양 친환경 에너지의 잠재력이 매우 크다. 이를 통해 완도 자체에서 전력을 안정적으로 확보할 수 있다면 완도는 단순히 발전시설을 가진 지역을 넘어 ‘전력 경쟁력’을 가진 지역이 된다.

전력 경쟁력은 곧 기업 유치 경쟁력으로 이어지고, 이는 곧 일자리·인구·경제 기반 확대로 이어진다. 완도가 대규모 산업단지를 유치할 필요는 없지만, 에너지 사용량이 높은 친환경 중소 제조업·저온 저장기술 기업·해양식품가공 기업 등을 유치하면 지역 산업 구조는 자연스럽게 다양해질 수 있다.

세 번째 요소는 청정 해양도시로의 전환이다.

여기서 말하는 청정 해양도시는 외형만 깨끗한 도시가 아니다. 바다와 도시, 주민과 산업이 균형 있게 공존하는 구조를 뜻한다.

예를 들어 친환경 전기선박을 도입해 섬과 섬을 잇고, 관광객이 몰리는 지역에는 해양쓰레기 관리체계를 더 촘촘하게 구축하며, 바다를 중심으로 한 친환경 생활 인프라를 갖출 수 있다.

이런 변화는 완도를 방문하는 사람들뿐 아니라 완도 주민에게도 직접적인 이익이 된다. 사소해 보이는 변화라도, 생활의 편리함과 안전을 높이는 데에는 큰 도움이 된다.

나는 이런 요소들을 조합하면서 완도의 미래를 '기술이 자연을 지배하는 시대'가 아니라 '기술이 자연을 지키는 시대'로 그리는 것이 맞다고 생각했다. 완도의 바다는 사람이 지켜야 하고, 사람의 삶은 바다와 함께 가야 한다. 그래서 완도의 새로운 미래는 기술 경쟁이 아니

라 공존의 철학 위에서 만들어져야 했다.

네 번째 요소는 인구 흐름을 되돌리는 완도형 인구활력 전략이었다.

나는 인구 문제를 누구보다 무겁게 느끼고 있다. 한국의 모든 지자체가 인구 감소 문제를 겪고 있고, 실제로 절반 이상의 기초지자체가 소멸위험지역으로 분류되고 있다. 완도 역시 예외는 아니었다. 그래서 나는 미래 산업과 에너지 전환이 곧 청년이 돌아올 수 있는 기반이 되어야 한다고 생각했다.

완도만의 고유한 강점을 활용한 일자리, 기후·환경 분야의 전문인력 수요, 해양바이오 연구 인력, 친환경 양식기술 전문가 등이 자연스럽게 모여드는 구조를 만드는 것이 그 핵심이었다. 내가 상상하는 완도는 단순히 청년에게 "오라"고 말하는 지역이 아니라, 청년이 오지 않을 수 없을 만큼 매력적인 미래 산업 기반을 가진 지역이다.

다섯 번째 요소는 교육과 문화의 변화였다.

지속가능성은 자연환경과 산업만으로 이루어지지 않는다. 사람의 의식이 변하고, 지역의 문화가 발전해야 지속될 수 있다. 완도 어린이와 청소년이 바다를 배우고, 해양환경과 탄소중립을 일상에서 자연스럽게 이해할 수 있는 교육 기반이 생긴다면 완도의 미래는 훨씬 단단해진다.

해양문화센터, 친환경 교육프로그램, 섬 단위의 공동체 활동을 통해 '완도에서 자란 아이들이 다시 완도로 돌아오는 구조'를 만들 수 있다. 나는 완도를 떠나 도시로 갔다가 다시 고향으로 돌아온 사람들의 이야기를 자주 듣는다. 그들은 입을 모아 이렇게 말한다.

"완도는 멀리 있을 때보다 가까이에서 볼 때 가치가 더 보입니다."

나는 이 말을 들을 때마다 완도가 가진 깊은 매력을 다시 느낀다. 그래서 미래의 완도는 단순히 변화하는 도시가 아니라, 자기 가치를 스스로 증명해내는 도시가 되어야 한다고 생각한다.

내가 상상하는 완도는 '바다로부터 시작해 바다로 확장되는 미래'를 가진 지역이다. 바다를 기반으로 산업이 생기고, 산업을 기반으로 일자리가 생기고, 일자리를 기반으로 공동체가 살아나는 구조. 그리고 이 모든 변화 속에서도 완도의 자연은 지켜지고, 주민은 중심에 서 있고, 미래 세대는 선택권을 잃지 않는 구조. 이것이 내가 꿈꾸는 '새로운 완도'의 모습이다.

이 상상은 결코 허황된 꿈이 아니다. 이미 세계는 바다를 중심으로 산업 구조를 재편하고 있으며, 대한민국도 그 흐름 위에 있다. 완도는 그 흐름을 따라가는 지역이 아니라, 선도할 수 있는 지역이다. 나는 이 책을 통해 그 가능성을 직접 주민과 나누고 싶다. 완도의 미래는 이미 우리 앞에 와 있다. 다만 우리가 그 길을 선택할 준비가 되었느냐가 중요할 뿐이다.

Ⅳ

완도는 다시 도약할 수 있다

탄소중립 시대, 완도가 가야할 길

어느 정도 시간이 흐르자, 나는 문서로 정리되는 말보다 그 말이 현실에서 어떻게 이어질 수 있는지가 더 크게 다가오기 시작했다. 잘 정리된 문장과 계획은 많았지만, 그 문장과 문장 사이에 남는 공백이 쉽게 메워지지 않는다는 느낌이 들었다. 설명으로는 충분해 보이는 내용들이 실제 삶의 자리로 내려오는 순간, 여러 갈래로 흩어지고 힘을 잃는 모습을 보며 나는 자주 생각에 잠기곤 했다.

문제는 방향이 아니라 간극이었다. 개념과 현실 사이, 계획과 일상 사이에는 생각보다 넓은 거리가 존재했다. 그 거리는 숫자나 목표만으로는 쉽게 줄어들지 않았고, 누군가 그 사이를 직접 이해하고 풀어내지 않으면 그대로 남아 버리기 쉬웠다. 나는 그 간극이 어디에서 생기는지, 그리고 왜 반복해서 나타나는지를 곱씹으며 스스로에게 질문을 던졌다.

잘 정리된 말들은 종종 스스로 완결된 것처럼 보이지만, 실제로는 누군가의 삶 속에 들어가야 비로소 의미를 갖는다. 문장으로는 명확하지만, 일상에서는 막연해지는 지점들, 이해는 되지만 행동으로 이어지지 않는 지점들이 늘 마음에 걸렸다. 나는 그 빈틈을 인식하지 못한 채 지나가면, 아무리 좋은 방향도 현실에서는 쉽게 힘을 잃을 수밖에 없다는 사실을 점점 더 분명히 느끼게 되었다.

그래서 나는 계획 그 자체보다, 그 계획이 사람들의 삶 속에서 어떻게 받아들여지는지를 더 오래 생각하게 되었다. 어떤 말은 너무 크고, 어떤 개념은 너무 멀리 있어 쉽게 손에 잡히지 않았다. 그럴수록 나는 그 개념을 조금 더 낮은 눈높이로 바라보려 애썼다. 이해되지 않는 것은 실행될 수 없고, 공감되지 않는 것은 지속될 수 없기 때문이다.

이 과정에서 나는 중요한 사실 하나를 깨닫게 되었다. 변화는 선언으로 시작되는 것이 아니라, 빈틈을 인식하는 순간부터 시작된다는 점이었다. 무엇이 부족한지, 어디에서 막히는지를 정확히 바라보지 않으면, 아무리 정교한 말도 현실 앞에서는 쉽게 무너진다. 그래서 나는 그 빈틈을 외면하지 않고, 왜 생기는지 끝까지 들여다보려 했다.

그렇게 생각의 방향이 조금씩 바뀌면서, 나는 거창한 전략보다 작고 구체적인 질문에 더 오래 머물게 되었다. 이 말은 누구에게 닿아야 하는가, 이 개념은 어떤 삶의 장면에서 비로소 의미를 갖는가, 그리고 그 의미는 어떻게 이어질 수 있는가. 이런 질문들은 단번에 답을 주지 않았지만, 적어도 변화가 어디에서부터 시작되어야 하는지를 가늠하게 해주었다.

나는 이제 어떤 계획을 마주하더라도, 그 완성도보다 그 뒤에 남는 과제를 먼저 떠올리게 된다. 말로는 충분해 보여도, 실행의 자리에서 다시 질문받을 수밖에 없는 지점들이 어디인지 자연스럽게 살피게 되었다. 그 과정은 때로는 번거롭고 느리게 느껴졌지만, 바로 그 느림 속에 현실을 바꾸는 힘이 숨어 있다는 생각이 들었다.

이러한 인식은 나에게 하나의 기준을 남겼다. 무엇을 말하느냐보다, 그 말이 삶 속에서 어떻게 살아 움직이느냐가 더 중요하다는 기준이었다. 그리고 그 기준은 이후 내가 어떤 이야기를 풀어낼 때든, 가장 먼저 떠올리는 출발점이 되었다.

그래서 이 시기부터 나는 완도가 탄소중립 시대에 어떤 길을 선택해야 할지, 그 길을 실제로 만들어가기 위해 어떤 구조를 세워야 할지에 대해 전보다 훨씬 깊이 고민하게 되었다.

완도는 바다 중심의 지역이지만 탄소중립이라는 과제는 단순히 해양 환경이나 해양 산업에 국한되지 않았다. 행정 구조, 주민 참여, 산업 전환, 에너지 전략, 인구 문제, 재정 구조, 교육 체계, 지역 자치의 방식까지 모든 것이 서로 연결되어 있었다. 즉, 탄소중립은 환경 문제가 아니라 '지역 시스템 전체의 재편'이었다. 나는 바로 이 지점에서 완도가 가야 할 길을 찾기 시작했다.

완도의 문제는 개별 분야가 아니라 '각 분야가 서로 따로 움직이고 있다는 점'이었다. 어업은 어업대로, 관광은 관광대로, 행정은 행정대로, 민간단체는 또 따로 움직이며 서로의 정책 방향을 이해하지 못했다.

이러한 구조에서는 탄소중립 시대를 대비한 전략을 세워도 지속되기 어렵다. 정책을 추진하는 사람이 바뀌면 계획도 바뀌고, 담당 부서가 바뀌면 사업도 끊기기 마련이다.

나는 이런 불안정한 구조를 여러 차례 목격했다. 그래서 가장 먼저 해야 할 일은 '완도형 탄소중립 컨트롤타워'를 만드는 일이라고 생각했다. 그 컨트롤타워는 단순한 위원회가 아니라, 완도 전체의 미래 전략을 실제로 조율하고 실행을 관리할 수 있는 실질적 조직이어야 했다.

이를 위해서는 각 부서와 지역 기관, 전문가와 주민이 유기적으로 연결되는 구조가 필요하다. 내가 꿈꾸는 구조는 '정책을 만드는 조직'이 아니라 '정책의 흐름을 끝까지 관리하는 조직'이다.

계획만 만드는 부서는 많지만, 계획을 완성하는 부서는 거의 없기 때문이다. 두 번째로 필요했던 것은 '정확한 데이터 기반 정책'이었다. 완도는 오랫동안 경험과 감각에 의존해 지역 정책을 결정해 왔다.

물론 경험은 매우 중요한 자산이지만, 탄소중립 시대의 경쟁력은 과학적 데이터에서 나온다. 해양환경 변화, 에너지 생산량, 탄소흡수량, 주민 삶의 여건, 산업 구조 변화 등을 객관적으로 측정해 축적하지 않으면 완도는 중앙정부나 국제사회와 경쟁할 수 없다.

나는 완도가 앞으로 '지역 데이터센터'를 갖춰 주민 생활과 환경 변화를 수집하고 분석하는 체계를 만들어야 한다고 생각한다. 데이터는 미래 산업을 유치할 때도 핵심 자료가 된다. 어느 기업도 '대략적으로 좋은 지역'을 선택하지 않는다. '근거로 증명된 지역'을 선택한다.

세 번째로 중요한 것은 '지속가능한 재정 프레임'을 만드는 일이었다. 탄소중립 사업은 단기간에 눈에 보이는 성과가 나타나지 않을 때가 많다. 그렇기 때문에 행정은 중간에 포기하지 않도록 안정적인 재정 구조를 갖춰야 한다. 예산이 매년 바뀌고 사업이 단절되는 방식으로는 아무것도 달라지지 않는다.

완도는 국가 공모와 지원 사업에 의존하는 구조에서 벗어나 지역 스스로 재원을 확보할 수 있는 전략이 필요하다.

예를 들면 탄소중립과 관련된 국비·도비 매칭 사업을 확대하는 방식, 블루카본 인증을 통한 장기적 수익 구조, 지역 에너지 생산을 통한 수익 재투자 모델 등이 될 수 있다. 이런 구조가 갖춰져야 정책은 '선언'이 아니라 '지속되는 흐름'이 된다.

네 번째로 나는 '미래 세대 전략'을 매우 중요하게 보았다. 완도가 탄소중립을 준비하는 이유는 지금을 위한 것이기도 하지만 결국 미래 세대를 위한 선택이다. 완도의 청소년들이 완도를 떠나지 않고, 떠났다가도 돌아오고 싶게 만드는 도시가 되기 위해서는 교육 체계가 바뀌어야 한다.

기후·해양·에너지 교육을 일상 속에서 자연스럽게 접하고, 미래 산업을 이해할 수 있는 프로그램을 경험하며, 지역 안에서 기술과 연구에 참여할 수 있는 기회를 갖는 것이 완도형 인재의 기반이 된다. 완도가 가진 자연은 최고의 교과서이고, 바다는 최고의 실험실이다.

이 자원을 교육과 연결하면 완도는 어느 지역보다 독특한 교육 경

쟁력을 갖출 수 있다.

다섯 번째로 나는 행정이 주민과 함께 움직이는 구조를 반드시 만들어야 한다고 생각했다. 탄소중립은 주민에게 부담을 주는 정책이 절대 되어서는 안 된다. 주민의 불편을 줄이고, 생계를 안정시키고, 기회를 넓히는 방식으로 이야기되어야 한다. 그러려면 행정은 정책을 설명하는 방식부터 달라져야 한다. '전문 용어'가 아니라 '일상 언어'로 설명해야 하며, 발표 중심이 아니라 '참여 중심'으로 전환해야 한다. 주민이 정책을 이해하고 참여할 수 있어야 한다는 점은 위원회 활동에서 확인한 절대적 원칙이었다.

여섯 번째로 나는 완도가 탄소중립 시대에 경쟁력을 갖기 위해서는 '지역 정체성'을 기반으로 한 브랜드 전략이 필요하다고 느꼈다.

완도는 해조류와 청정한 바다라는 강점을 갖고 있지만, 그것을 현대적 가치로 재해석해 외부에 전달하는 전략은 충분히 다듬어지지 않았다. 완도를 '탄소중립 선도 지역', '청정 해양도시', '블루카본 중심지', '지속가능한 섬 네트워크 도시'와 같은 새로운 이미지로 정립할 필요가 있다. 이 브랜드 전략이 성공하면 완도는 단순한 관광지가 아니라 기후·해양·환경·바이오 분야의 모델 지역으로 자리 잡을 수 있다.

마지막으로 나는 완도가 탄소중립 시대를 단순히 대응하는 방식이 아니라 '선도하는 방식'으로 접근해야 한다고 생각한다. 대응은 흐름을 따라가는 것이고, 선도는 흐름을 만드는 것이다. 완도는 바다를 기반으로 한 지역이기에 탄소중립 시대의 핵심 의제를 선도할 수 있는 조건을 가지고 있다. 하지만 조건만으로는 부족하다. 실행하는 구조, 데이터를 축적하는 체계, 재정을 운영하는 방법, 주민과 함께 가는 방식, 그리고 미래 세대를 준비하는 전략까지 모두 갖춰져야 한다.

나는 이 모든 요소가 갖춰질 때 비로소 완도가 진정한 의미에서 탄소중립 시대의 중심이 될 수 있다고 믿는다. 이것이 내가 생각하는 '완도가 가야 할 길'이다. 그 길은 거창하지 않지만, 분명하고 실천 가능하며, 무엇보다 완도다운 길이다. 완도는 바다를 가진 지역이 아니라, 바다와 함께 미래를 설계할 수 있는 지역이다. 그리고 지금이야말로 그 길을 선택해야 할 때라고 나는 확신한다.

행정이 바뀌어야 미래가 열린다

여러 정책을 논의하며 가장 크게 느낀 점은, 아무리 훌륭한 계획을 세운다고 해도 그것을 실제로 움직이는 힘은 결국 '행정의 방식'에서 나온다는 사실이었다.

위원회 활동 초기에는 바다와 산업, 미래 에너지 같은 거대한 담론에 마음이 쏠렸지만, 시간이 흐를수록 내가 마주한 것은 그보다 더 깊고 본질적인 문제였다. 바로 행정의 관성, 오래된 업무 방식, 책임 소재의 모호함, 절차와 현실의 괴리, 그리고 변화가 필요한데도 변화할 수 없는 구조였다.

그래서 나는 어느 순간부터 탄소중립의 성공 여부는 자연 환경이나 산업 기반보다 '행정 혁신이 가능한가'에 달려 있다는 결론에 도달했다. 완도가 앞으로 어떤 미래를 맞이하느냐는 결국 행정이 주민을 어떻게 대하고, 문제를 어떻게 해결하며, 협력을 어떻게 만들어내느냐에 의해 결정될 수밖에 없다.

특히 탄소중립 시대는 과거의 방식으로는 대응할 수 없는 새로운 도전들로 가득하다. 기후위기, 미래 산업, 인구 변화, 에너지 전환, 국제 기준 준수 같은 과제는 모두 기존의 행정절차 범위를 벗어난 문제들이다. 이 복잡한 문제들을 해결하기 위해서는 행정이 지금보다 훨씬 더 빠르게 움직이고, 서로 다른 부서가 동시에 협업하며, 주민의 참여가 체계적으로 반영되는 구조가 필요했다.

하지만 완도에서 실제로 들여다본 행정은 그런 구조와는 거리가 있었다. 하나의 정책을 추진하는 데도 여러 부서가 서로 책임을 떠넘기

며 시간을 보내고, 새로운 사업을 시작하려 해도 기준이 명확하지 않아 수개월이 흘러버리는 일이 흔했다. 주민들은 민원을 넣고도 답을 듣지 못해 답답해하고, 담당 공무원들도 명확한 지침이 없어 스스로 어려움을 겪고 있었다.

나는 이런 현실을 보며 완도 행정의 방향을 완전히 다시 설계해야 한다고 생각했다.

그 첫걸음은 〈행정이 미래 산업을 이해하는 방식 자체를 바꾸는 것〉이었다. 탄소중립은 단순 환경정책이 아니라 산업정책이고 경제정책이며 지역개발전략이다. 따라서 행정 조직 전체가 탄소중립을 하나의 '시대적 산업과제'로 이해해야 한다.

담당 부서만 알고 있어서는 절대로 변화가 일어나지 않는다. 어업정책 부서도, 관광 부서도, 교육 부서도, 재정 부서도 모두 탄소중립에 대응할 능력을 갖춰야 한다.

예를 들어 블루카본이나 신재생에너지 정책을 논의할 때, 수산 부서는 생태 영향과 어민 생계를 중심으로 보고, 산업경제 부서는 기업투자와 산업 클러스터를 중심으로 보며, 재정 부서는 장기적 지역 재정 흐름을 중심으로 보는 이런 구조가 필요했다. 부서별 관점이 다르기 때문에 오히려 더 정교한 전략이 만들어질 수 있다.

두 번째로 나는 〈행정의 일하는 속도〉를 바꿔야 한다고 생각했다.

과거의 행정은 안정성과 정확성이 중요한 가치였지만, 앞으로는 속도와 실행력이 더욱 큰 의미를 갖는다.

기후위기는 기다려주지 않는다. 국가 정책과 국제 기준은 해마다 바뀌고, 기업들의 투자 방향은 한 해를 넘기면 완전히 달라진다. 이런 상황에서 완도가 행정 절차를 고수하며 시간을 허비한다면 기회를 잃게 된다. 그래서 나는 완도의 행정이 더 유연하고, 더 빠르고, 더 실험적인 형태로 변화해야 한다고 생각한다. 이를 위해서는 규제 완화, 사전 협의 시스템, 민관 협력 창구 마련 등 다양한 실행 도구가 필요하다.

세 번째로 꼭 필요한 변화는 〈정확한 책임 구조〉였다.

행정은 종종 혼란이 발생해도 책임이 흐려지고, 문제가 생겨도 누구의 몫인지 불분명해지는 경우가 많다. 이런 구조에서는 큰 정책을 실행하기 어렵다. 완도가 미래 산업을 유치하고, 탄소중립 체계를 구축하고, 해양기술을 도입하기 위해서는 부서 간 책임을 명확히 하고, 완성 단계까지 관리하는 조직 구성이 필요했다. 사업이 성공하든 실패하든 책임의 방향이 명확해야 행정도 성장한다. 네 번째는 〈주민과 행정의 관계를 재설계하는 것〉이었다.

주민과 만날 때마다 느낀 것은, 정책이 어려운 것이 아니라 '설명 방식이 어렵다'는 것이었다. 주민들은 변화가 불안한 것이 아니라, 변화를 충분히 이해하지 못해 불안한 것이다. 그래서 행정은 정책의 전문성을 유지하면서도 주민의 이해 수준과 삶의 맥락에 맞춰 정책을 해석할 수 있어야 한다. 주민 설명회는 일방적인 발표가 아니라 서로 질문하고 답하는 과정이어야 하고, 온라인과 오프라인 모두에서 접근성을 높이는 방식이 필요하다. 특히 고령층이 많은 완도에서는 디지털 정보 제공 방식도 바뀌어야 한다. 단순히 홈페이지 공지에 그칠 것이 아니라, 유튜브나 방송 채널, 카카오 채널 등 다양한 방식으로 정책을 설명해야 한다.

다섯 번째로 중요한 것은 〈민관 협력의 구조화〉였다.

이전까지 완도에서는 민간단체나 지역 기업이 필요할 때만 잠깐 협력하거나, 특정 사업에만 참여하는 방식이 많았다. 하지만 탄소중립 시대에는 민간의 기술력과 자본, 사회적 경험이 반드시 필요하다.

예를 들어 지역 기업이 보유한 기술 데이터를 활용해 주민 삶을 개선할 수 있고, 외부 기업이 가진 에너지 기술을 도입하면 새로운 일자리를 만들 수 있다. 이러한 민관 협력을 일회성 행사가 아니라 '지속가능한 파트너십'으로 만들기 위해서는 행정이 먼저 협력 구조를 설계해야 했다.

마지막으로 나는 완도의 행정이 탄소중립 시대에 걸맞은 '장기 계획'을 세워야 한다고 생각한다.

지금까지 많은 지자체가 1~3년 단위 단기 계획에 의존했다. 하지만 탄소중립은 20년, 30년 단위로 추진해야 효과를 확인할 수 있다. 완도가 2050년을 목표로 탄소중립 전략을 세운다면, 그 전략은 행정 체계 변화, 산업 전환, 인구 구조 대응, 교육 혁신, 재정 안정화까지 모두 포함한 장기 지도여야 한다. 나는 행정이 이러한 장기 전략을 중심으로 움직여야 진짜 변화가 생긴다고 믿는다.

완도가 앞으로 성장하려면 행정이 먼저 달라져야 한다. 바다는 우리에게 많은 것을 주지만, 미래는 저절로 오지 않는다. 행정이 움직여야 미래가 열리고, 주민이 참여할 때 변화가 현실이 된다. 나는 완도가 이 길을 선택할 수 있다고 믿고, 그 가능성을 누구보다 크게 보고 있다.

완도의 미래는 선택에서 시작된다

어느 날 나는 한 가지 근본적인 질문을 스스로에게 던졌다.

"우리가 나누는 수많은 논의와 계획들은 결국 누가 선택해야 하는가?"

이 질문은 단순한 궁금증이 아니라 나를 한동안 붙잡고 놓아주지 않았던 고민이기도 했다. 정책도, 전략도, 미래의 그림도 모두 존재했지만, 그 어느 것도 '선택'이라는 과정 없이는 움직이지 않았다. 그리고 그 선택의 출발점은 행정이 아니라, 전문가도 아니라, 바로 주민들이었다.

완도의 미래는 결국 완도 사람들이 무엇을 선택하느냐에 달려 있었고, 그것을 현실로 만드는 일은 이해관계가 복잡한 문제들 속에서 가장 중요한 기준을 정하는 것이었다.

나는 이 선택의 문제를 여러 현장에서 실감했다. 골목길에서, 항구에서, 시장에서, 마을회관에서 주민들과 나눈 대화는 완도의 선택이 얼마나 다양한 배경과 조건, 삶의 무게 속에서 이루어지는지를 보여주었다.

어떤 주민은 생계를 걱정했고, 어떤 주민은 지역의 미래를 걱정했고, 어떤 주민은 행정의 의지를 믿지 못해 불안해하기도 했다. 그만큼 완도의 선택은 쉽지 않은 일이었다. 그러나 나는 이런 현실을 누구보다 잘 이해했기 때문에, 완도의 미래는 주민 한 사람 한 사람이 가진 판단과 시각이 모여 만들어진다고 확신할 수 있었다. 그래서 나는 완도에서의 변화는 '정책 채택'이 아니라 '미래 선택'이라는 표현이 더 적합하다고 생각하게 되었다.

기후위기 대응을 할 것인가 말 것인가의 문제가 아니다. 어떤 방식으로 대응할 것인지, 어떤 분야를 우선순위로 둘 것인지, 어떤 방향으로 산업을 정비하고 에너지 전략을 세울 것인지가 더 중요한 질문이었다.

완도는 더 이상 단기적 성과에 매달릴 수 없는 지역이었다. 이제는 장기적 방향과 일관된 흐름을 선택해야 하는 시점이었다. 나는 이 사실을 주민들과 함께 공유하고 싶었다. 과거의 완도는 자연이 주는 혜택을 받으며 살아온 지역이었지만, 미래의 완도는 우리가 어떤 방향을 선택하느냐에 따라 가능성이 달라지는 지역이 되었다.

이때 가장 중요한 요소는 '완도다운 선택'이었다. 다른 지역의 방식이나 정책을 그대로 가져오는 것은 완도의 미래를 바꾸지 못한다. 완도는 완도가 가진 조건, 자산, 주민의 삶, 산업 구조, 지역의 속도에 맞는 선택을 해야 했다.

나는 이러한 선택의 기준이 크게 세 가지가 되어야 한다고 생각했다.

첫째는 〈지속 가능한 삶의 구조〉를 우선하는 선택이다. 단기적 이익을 위한 선택은 결국 완도의 미래를 빼앗는다. 친환경적 방식, 장기적인 산업 기반, 미래 세대의 삶까지 고려한 선택이 완도의 힘을 키운다.

둘째는 〈주민의 참여와 동의〉가 중심이 되는 선택이다. 탄소중립은 불편을 강요하는 정책이 아니라, 삶을 더 나아지게 하는 과정이다. 그러기 위해서는 행정이 주민과 끊임없이 대화하고 설명해야 하며, 주민은 자신이 선택한 정책을 지켜볼 눈과 참여할 책임이 있어야 한다.

셋째는 〈완도형 산업 기반〉을 강화하는 선택이다. 완도는 해양 중심 지역이기 때문에 전국 어디에서도 흉내낼 수 없는 경쟁 전략을 선택할 수 있다. 그 선택이야말로 완도만의 고유한 길이다. 예를 들어 해양바이오 연구, 해조류 기반 탄소사업, 온실가스 절감 기술을 활용한 양식 시스템, 해양치유 산업, 친환경 선박 기술 등은 완도만이 자연스럽게 연결할 수 있는 분야였다. 이런 분야는 대규모 제조업보다 완도 지형과 산업 특성을 훨씬 잘 반영한다. 이러한 선택을 중심으로 완도는 지속 가능한 미래를 완성할 수 있다.

나는 이 과정에서 가장 크게 느낀 것이 있다. 바로 미래는 만들어지는 것이 아니라 선택되는 것이라는 점이다. 다른 지역이 먼저 앞서 있다고 해서 완도가 늦은 것이 아니었다. 중요한 것은 어떤 산업을 선택하고, 어떤 가치에 투자하며, 어떤 기준을 고수하느냐였다.

완도가 가진 잠재력은 이미 충분했다. 다만 그것을 선택해 현실로 만드는 과정이 남아 있을 뿐이다. 완도의 미래를 책임질 선택은 행정

혼자 할 수 없다. 주민의 삶 위에서, 공동체의 합의 속에서, 지역의 특성을 반영해 이뤄져야 한다. 그래서 나는 정책 설명회, 주민 간담회, 실무자 협의 자리에서 늘 같은 질문을 던졌다. “이 선택이 과연 완도에게 도움이 되는가? 그리고 이 선택이 다음 세대에게 어떤 의미가 있는가?” 이 질문은 정책의 기준이 되고, 미래를 결정하는 잣대가 되었다.

어느 날 이런 생각이 들었다. “결국 완도의 미래를 열 열쇠는 선택이며, 그 선택을 움직이는 힘은 사람이다.” 행정의 변화, 산업의 발전, 주민의 참여, 기술의 도입, 교육의 혁신 사람이 무엇을 선택하느냐이다. 그리고 그 선택이 쌓여 완도의 미래가 만들어진다.

나는 완도가 앞으로 그 선택을 두려워하지 않는 지역이 되기를 바란다. 변화가 불안할 수 있지만, 변화는 우리를 더 나은 곳으로 이끌기도 한다. 선택하지 않는 것은 머무르는 것이 아니라 뒤처지는 것이다. 완도는 더 이상 머무를 시간이 없다. 지금이 바로 선택해야 할 때이다.

나는 완도가 올바른 방향을 선택할 수 있다고 믿는다. 주민과 행정이 함께 움직이고, 산업과 자연

이 조화를 이루며, 완도의 가치가 더 깊어지는 길을 선택한다면 완도는 미래 세대에게 자랑스러운 고향이 될 것이다.

완도의 미래는 거창한 계획보다 더 중요한 한 가지, 바로 '우리의 선택'에서 시작된다. 그리고 나는 이 선택을 함께할 준비가 되어 있다.

에필로그

바다는 다시 우리에게 묻고 있다

이 책을 모두 쓰고 난 뒤, 나는 다시 바다를 바라보았습니다. 처음 프롤로그를 쓸 때 보았던 바다와 크게 다르지 않은 풍경이었지만, 내 마음속에서는 많은 것이 달라져 있었습니다. 그간의 주민들과의 대화, 고민과 선택의 순간들이 모두 파도와 함께 스쳐 지나갔습니다. 그리고 그 모든 경험은 결국 하나의 질문으로 모였습니다.

"우리는 앞으로 어떤 완도를 남길 것인가?"

이 질문은 누가 대신 답해줄 수 있는 문제가 아닙니다. 행정도, 정치도, 전문가도 혼자서 답을 내릴 수 없습니다. 완도에서 살아가는 우리 모두가 함께 만들어가야 하는 질문입니다. 나는 이 책을 통해 그 질문의 무게를 주민들과 나누고 싶었습니다. 부담이 아니라 책임으로, 두려움이 아니라 희망으로 받아들이기 바라는 마음으로 이 글을 썼습니다.

나에게 완도는 단순한 고향이 아닙니다. 완도는 삶의 기준이자, 내가 어떤 사람이 되어야 하는지 알려준 공간입니다. 그래서 완도의 미래를 말하는 일은 곧 제 삶의 책임을 말하는 일이기도 했습니다. 위원회 활동을 하며 나는 완도가 가진 가능성을 더 크게 보게 되었고, 동시에 우리가 놓치고 있던 것들도 더 선명하게 알아볼 수 있었습니다. 미래는 어느 날 갑자기 준비되는 것이 아니라, 오늘의 작은 선택이 모여 만들어진다는 사실도 배웠습니다.

이 책을 읽어주신 분들께 꼭 전하고 싶은 말이 있습니다.

완도는 절대 뒤처진 지역이 아닙니다.
완도는 아직 선택하지 않은 가능성을 품은 지역입니다.

우리가 가진 자원, 자연, 산업, 주민의 힘은 이미 충분합니다. 필요한 것은 '방향'이고, 그 방향을 결정하는 것이 바로 우리의 선택입니다. 누군가는 탄소중립을 거창한 일이라고 말할 수 있습니다. 하지만 저는 그렇게 생각하지 않습니다. 탄소중립은 아이들이 숨 쉬는 공기, 어민들이 일하는 바다, 우리 어르신들이 기대는 공동체, 그리고 다음 세대의 희망을 지키는 가장 현실적인 선택입니다.

정치는 때로 갈등을 만들기도 하고, 변화가 두려움을 주기도 합니다. 그렇지만 우리가 함께 방향을 정하고, 서로의 삶을 존중하며, 미래 세대에게 부끄럽지 않은 선택을 한다면 완도는 반드시 더 좋은 방향으로 나아갈 수 있습니다. 저는 그 길에 주민들과 함께 서고 싶습니다.

책을 마무리하며 마음 한구석에는 여전히 많은 과제가 남아 있다는 것을 잘 알고 있습니다. 완도의 미래를 위한 길은 결코 쉽지 않을 것입니다. 하지만 그 길이 험하다고 해서 멈출 수는 없습니다. 우리는 이미 변화의 문 앞에 서 있습니다. 그리고 그 문을 열 수 있는 열쇠는 행정도, 기업도 아닌 바로 우리 주민 한 사람 한 사람의 마음과 선택입니다.

이 책이 완도의 미래를 이야기하는 많은 대화의 시작이 되길 바랍니다. 이 책을 통해 주민들과 더 가까이 이야기하고, 함께 고민하고, 함께 길을 만들어가고 싶습니다.

바다는 변함없이 그 자리에 있지만, 그 바다를 지키는 우리의 마음이 완도를 바꿀 것입니다.

이제, 완도의 다음 이야기는 여러분의 선택으로 이어질 것입니다.

읽어주셔서 고맙습니다. 완도의 한 주민으로서, 그리고 더 나은 완도를 꿈꾸는 한 사람으로서 깊이 감사드립니다.

부록

완도의 미래를 위한 해조류 산업, 주민 이해자료

대한민국 2050 탄소중립 시나리오

탄소중립, 어렵지 않게 이해해봅시다

'탄소중립'이라는 말은 요즘 뉴스나 공공기관 자료에서 자주 등장한다. 하지만 막상 이 단어가 무슨 뜻이냐고 물으면, 쉽게 설명하기가 어렵다. 말은 많이 들었는데, 내 삶과 어떻게 연결되는지는 잘 모르겠다는 반응이 더 솔직한 답일지도 모른다. 그래서 이 부록에서는 복잡한 설명을 모두 내려놓고, 탄소중립을 가장 단순한 언어로 풀어보려 한다.

탄소중립이란 한마디로 말해, 우리가 살아가며 내뿜는 탄소만큼을 다시 자연이 흡수하도록 만들어 결국 남는 탄소를 '0'으로 만드는 일이다. 줄이는 것만이 아니라, 흡수하는 것까지 함께 생각하는 개념이다. 그래서 탄소중립은 '아무것도 하지 말자'는 이야기가 아니라, '쓰는 만큼 돌려놓자'는 약속에 가깝다.

우리는 이미 일상에서 비슷한 원리를 잘 알고 있다. 물을 쓰면 다시 정화하고, 땅을 쓰면 휴경을 하듯이, 탄소도 마찬가지다. 문제는 그동안 우리는 탄소를 너무 많이 쓰면서도, 다시 돌려놓는 일에는 익숙하지 않았다는 점이다. 탄소중립은 이 균형을 다시 맞추자는 이야기다.

이 개념이 특히 완도 같은 지역에서 중요하게 다가오는 이유도 여기에 있다. 완도는 대규모 공장이나 복잡한 도시 구조를 가진 지역이 아니다. 대신 바다와 해조류, 바람과 햇빛 같은 자연 자원이 삶의 중심에 있다. 다시 말해 완도는 탄소를 많이 배출하는 지역이기보다는, 탄소를 흡수할 수 있는 잠재력이 큰 지역이다. 이 점이 완도의 가장 큰 강점이다.

탄소중립을 이야기하면 많은 분들이 먼저 "우리가 뭘 줄여야 하느냐?"고 묻는다. 물론 줄이는 것도 중요하다. 하지만 완도에서는 여기에 하나를 더 생각해야 한다. 바로 이미 우리가 하고 있는 일들이 탄소중립과 연결될 수 있다는 사실이다. 바다에서 자라는 미역과 다시마, 김 같은 해조류는 그 자체로 탄소를 흡수한다. 숲의 나무가 공기 중 탄소를 품듯, 해조류는 바다 속에서 탄소를 품는다. 이것을 '블루카본'이라고 부른다.

이 말을 들으면 갑자기 어려워 보일 수 있지만, 사실은 아주 익숙한 이야기다. 완도 사람들에게 해조류는 오래전부터 삶의 일부였다. 밥상 위의 반찬이었고, 생계를 지탱해 온 산업이었다. 탄소중립은 이 해조류의 가치를 새롭게 부여하는 과정이다. 예전에는 '먹고 파는 것'의 가치였다면, 이제는 여기에 바다를 살리고 기후를 지키는 가치가 더해지고 있는 것이다.

중요한 점은, 탄소중립이 완도 사람들에게 새로운 희생을 요구하는 개념이 아니라는 사실이다. 오히려 이미 해오던 삶의 방식이 시대의 변화 속에서 다시 주목받고 있다고 보는 편이 더 가깝다. 바다를 소중히 여겨온 태도, 해조류를 기르며 바다의 균형을 지켜온 경험은 이제 하나의 미래 자산이 되고 있다.

탄소중립을 이해할 때 가장 경계해야 할 것은, 이 개념을 너무 멀게 느끼는 것이다. 국가 정책이나 국제 협약의 이야기로만 받아들이는 순간, 탄소중립은 '나와 상관없는 일'이 된다. 하지만 탄소중립은 결

사라져가는 그린·블루 카본

국 우리의 생활 방식, 소비 습관, 지역의 선택과 맞닿아 있다. 완도처럼 바다와 함께 살아온 지역에서는 더욱 그렇다.

그래서 탄소중립은 '하지 말라'는 말이 아니라, '지켜온 것을 계속 지키기 위한 방법'이라고 이해하는 편이 좋다. 바다를 함부로 쓰지 않고, 해조류의 가치를 알고, 자연이 가진 회복력을 존중하는 태도. 이 모든 것이 이미 탄소중립의 출발점에 해당한다.

탄소중립은 거창한 기술이나 먼 미래의 이야기가 아니라, 지금 우리가 살아온 방식을 다시 바라보는 일이라는 점이다. 완도의 바다는 이미 많은 것을 해내고 있다. 우리가 할 일은 그 바다가 해온 역할을 이해하고, 그 가치를 이어갈 방법을 함께 생각하는 것이다. 탄소중립은 그 생각의 이름일 뿐이다.

왜 탄소중립은 '완도'에서 더 중요할까요

탄소중립이라는 이야기를 들을 때, 많은 사람들은 먼저 이렇게 생각한다.

"이건 대도시나 공장이 많은 지역 이야기 아니냐?"

하지만 곰곰이 들여다보면, 탄소중립은 오히려 완도 같은 지역에서 더 중요한 의미를 가진다. 이유는 간단하다. 완도는 탄소를 많이 내뿜는 지역이 아니라, 탄소를 흡수하고 품을 수 있는 조건을 이미 갖춘 지역이기 때문이다.

완도는 산업단지가 밀집한 도시가 아니다. 자동차가 빼곡한 도심도 아니고, 대형 굴뚝이 늘어선 공업지역도 아니다. 대신 완도에는 바다가 있고, 해조류가 자라며, 바람과 햇빛이 흐른다. 이것은 단순한 자연환경이 아니라, 탄소중립 시대에 가장 중요한 자산이다. 앞으로의 시대는 '얼마나 많이 생산하느냐'보다, 얼마나 잘 흡수하고 회복할 수 있느냐가 지역의 경쟁력이 되는 시대이기 때문이다.

특히 완도의 바다는 그 자체로 거대한 흡수원이다. 미역, 다시마, 김 같은 해조류는 성장 과정에서 탄소를 흡수하고 저장한다. 이 과정은 눈에 잘 보이지 않지만, 꾸준히 반복되며 바다의 균형을 유지해 왔다. 숲이 육지의 탄소를 붙잡는 역할을 한다면, 완도의 해조류는 바다 속에서 같은 역할을 해왔다고 볼 수 있다. 그래서 완도의 바다는 단순한 경관이 아니라, 기후를 조절하는 공간이기도 하다.

이런 점에서 완도는 탄소중립을 위해 '무언가를 새로 만들어야 하는 지역'이 아니라, 이미 가진 것을 제대로 이해하고 이어가야 하는 지역에 가깝다. 그동안 당연하게 여겨왔던 바다와 해조류의 가치가, 이제야 새로운 언어로 설명되기 시작했을 뿐이다. 탄소중립은 완도의 삶을 바꾸자는 요구가 아니라, 완도가 지켜온 삶의 방식이 시대의 변화와 다시 만나는 과정이라고 할 수 있다.

또 하나 중요한 이유는, 탄소중립이 완도의 미래 산업과도 연결되

지구의 탄소 3형제

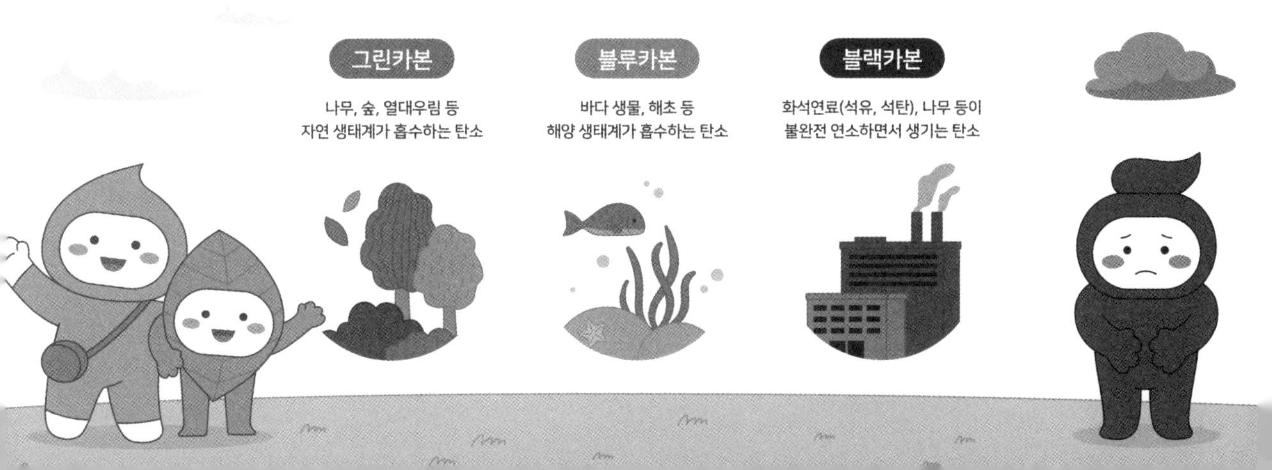

어 있다는 점이다. 앞으로 에너지와 환경을 둘러싼 산업 구조는 빠르게 바뀔 것이다. 이 과정에서 바다를 기반으로 한 지역은 새로운 선택지를 가질 수 있다. 해상풍력, 재생에너지, 해조류 기반 산업 등은 모두 완도의 지리적 조건과 맞닿아 있다. 이것은 단순한 개발 이야기가 아니라, 지역이 스스로 먹고사는 구조를 어떻게 이어갈 것인가에 대한 고민이다.

완도가 탄소중립을 이야기해야 하는 또 다른 이유는 '사람'이다. 완도는 공동체의 연결이 비교적 살아 있는 지역이다. 마을 단위의 소통, 어촌계와 같은 생활 조직, 세대 간의 기억이 아직 이어지고 있다. 탄소중립은 혼자서 실천하는 정책이 아니라, 함께 방향을 맞춰야 가능한 일이다. 그런 점에서 완도의 사회적 구조는 오히려 강점이 될 수 있다. 서로 얼굴을 알고, 이야기를 나눌 수 있는 공동체는 변화를 받아들이는 속도도 다르다.

탄소중립을 두려워할 필요는 없다. 완도에서 이 이야기가 중요한 이유는, 누군가에게 희생을 요구하기 위해서가 아니다. 오히려 완도가 가진 강점을 지키고, 다음 세대까지 이어가기 위한 선택지이기 때문이다. 바다를 함부로 쓰지 않고, 해조류의 가치를 알고, 자연이 가진 회복력을 존중해 온 삶의 태도는 이미 탄소중립의 방향과 닿아 있다.

그래서 탄소중립은 완도에게 부담이 아니라 기회에 가깝다. 지금까지 살아온 방식이 시대에 맞지 않아 버려지는 것이 아니라, 오히려 다시 평가받는 순간이기 때문이다. 완도의 바다는 앞으로도 많은 역할을 해낼 수 있다. 다만 그 역할을 제대로 이해하고, 함께 지켜가려는 선택이 필요할 뿐이다.

탄소중립은 멀리 있는 국가 정책이 아니라, 완도가 스스로를 지키기 위해 고민해야 할 지역의 이야기라는 점이다. 완도는 이미 충분한 조건을 갖추고 있다. 이제 필요한 것은 그 조건을 어떻게 이어갈지에 대한 이해와 공감이다. 탄소중립은 그 공감을 시작하는 언어이며, 완도의 바다가 다시 주목받는 이유이기도 하다.

바다고리풀, 바다가 만든 새로운 해답

해조류가 바다의 균형을 지키는 존재라는 사실은 오래전부터 알려져 있었다. 미역과 다시마는 물을 맑게 하고, 어류의 서식 공간을 제공하며, 바닷속 탄소를 흡수해 생태계를 안정시키는 역할을 해왔다. 최근 들어 이 해조류의 역할은 한 단계 더 확장되고 있다. 단순히 바다를 지키는 차원을 넘어, 기후위기에 대응하는 실질적인 해법으로 주목받고 있기 때문이다.

그 중심에 있는 해조류가 바로 바다고리풀이다. 바다고리풀은 여름철에 잘 자라는 해조류로, 최근 전 세계적으로 큰 관심을 받고 있다. 이유는 단 하나, 가축에서 발생하는 메탄가스를 획기적으로 줄일 수 있다는 사실 때문이다.

소나 양 같은 반추동물은 소화 과정에서 많은 양의 메탄가스를 배출한다. 이 메탄은 이산화탄소보다 온실효과가 훨씬 강해, 기후위기의 주요 원인 중 하나로 꼽힌다. 그런데 해외 연구 결과에 따르면, 사료에 바다고리풀을 소량 첨가했을 때 메탄 배출량이 80~90% 이상 감소하는 효과가 확인되었다. 이 효과는 일시적인 것이 아니라, 지속적으로 유지될 수 있다는 점에서 더욱 주목받고 있다.

중요한 점은, 바다고리풀이 약물이 아니라 해조류라는 사실이다. 인공적인 화학 첨가물이 아니라 자연에서 자라는 해조류를 활용해 온실가스를 줄일 수 있다는 것은, 환경과 산업을 동시에 고려해야 하는 시대에 매우 큰 의미를 가진다. 특히 먹을 수 없는 비식용 해조류이기 때문에, 식량과 경쟁하지 않는다는 점에서도 장점이 있다.

이 지점에서 완도의 역할이 드러난다. 완도는 이미 대

한민국 최대의 해조류 생산지이며, 바다를 기반으로 한 양식 기술과 인프라가 축적된 지역이다. 미역과 다시마, 김을 길러온 경험은 바다고리풀 양식으로 확장될 수 있는 중요한 기반이 된다. 다시 말해, 완도는 새로운 것을 처음부터 만들어야 하는 곳이 아니라, 이미 가진 것을 바탕으로 다음 단계로 나아갈 수 있는 지역인 셈이다.

바다고리풀은 계절적으로도 의미가 있다. 기존 해조류 양식이 끝난 이후의 바다를 활용할 수 있어, 바다를 쉬게 하면서도 새로운 부가가치를 창출할 수 있다. 이는 어민의 소득 구조를 다양화하고, 바다 이용의 효율을 높이는 방향으로 이어질 수 있다.

또 하나 주목할 점은, 바다고리풀이 단순히 사료 첨가제로 끝나지 않는다는 사실이다. 메탄 저감 효과가 국제적으로 인정될 경우, 이는 탄소 감축 실적으로 연결될 가능성이 있다. 즉, 바다고리풀을 기르는 행위 자체가 기후위기 대응에 기여한 활동으로 평가받을 수 있는 길이 열리는 것이다.

주민의 입장에서 보면 이렇게 정리할 수 있다.

"바다에서 기른 해조류가, 바다도 살리고, 육지의 공기도 바꾼다."

이것은 먼 미래의 이야기가 아니다. 이미 세계 여러 나라에서 바다고리풀을 활용한 실험과 상용화가 빠르게 진행되고 있으며, 국내에서도 그 가능성을 주목하고 있다. 완도는 이 흐름 속에서 단순한 참여자가 아니라, 주도적인 역할을 할 수 있는 조건을 갖춘 지역이다.

탄소중립은 어느 날 갑자기 완성되는 목표가 아니다. 그러나 바다고리풀처럼 분명한 효과가 입증된 해법은, 탄소중립을 추상적인 구호에서 현실적인 선택으로 바꾸는 힘을 가진다. 바다는 이미 답을 내놓고 있다. 우리가 해야 할 일은 그 가능성을 이해하고, 차분히 준비하는 것이다.

바다고리풀은 바다가 우리에게 건네는 새로운 제안이다.

완도의 바다가 가진 힘은 여전히 크고, 그 힘은 이제 기후위기를 넘어 미래 산업으로 이어질 수 있다. 이 가능성을 알아보는 일, 그것이 지금 우리가 바다를 다시 바라봐야 하는 이유다.

우리가 할 수 있는 작은 실천들

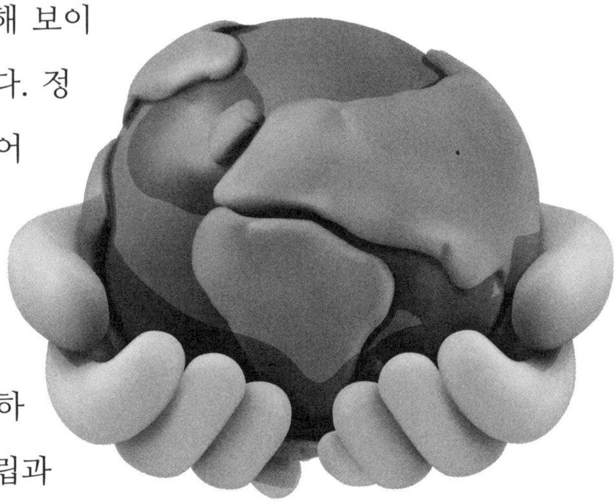

탄소중립이라는 말은 거창해 보이지만, 그 출발은 생각보다 작다. 정책이나 제도는 위에서 만들어질 수 있지만, 변화는 늘 생활 속에서 시작된다. 특히 완도처럼 바다와 함께 살아가는 지역에서는 일상의 선택 하나하나가 자연스럽게 탄소중립과 연결된다. 이 부록에서는 "그래서 우리는 무엇을 하면 되는가"라는 질문에 답하고자 한다.

먼저 기억해야 할 것은, 탄소중립은 무언가를 새로 해야만 가능한 일이 아니라는 점이다. 이미 해오던 일들을 조금 더 의식적으로 바라보고, 방향을 맞추는 것만으로도 충분한 시작이 된다.

가장 가까운 실천은 바다를 대하는 태도다. 해조류 양식, 어업, 관광, 생활 쓰레기 관리까지 모두 바다의 상태와 직결되어 있다. 예를 들어, 무심코 버려지는 플라스틱 한 조각은 다시 돌아와 어장에 걸리고, 해조류 생육을 방해한다. 반대로 해변 정화나 분리배출 같은 작은 행동은 바다 환경을 유지하는 데 분명한 도움이 된다. 이것은 환경운

동이 아니라, 우리 삶의 기반을 지키는 일이다.

두 번째는 해조류의 가치를 다시 보는 일이다. 미역과 다시마, 김은 단순한 식재료가 아니라 바다의 균형을 잡아주는 존재다. 지역에서 생산된 해조류를 소비하고, 제철 해산물을 선택하는 것만으로도 바다 생태계의 순환을 돕는 행동이 된다. 지역에서 나는 것을 지역에서 쓰는 소비 방식은 운송 과정에서 발생하는 탄소를 줄이는 효과도 함께 가진다.

바다고리풀 ⓒ 국립생물자원관

세 번째는 에너지 사용에 대한 인식 변화다. 완도는 바람과 햇빛, 바다라는 자원을 모두 갖춘 지역이다. 당장 큰 설비를 갖추지 않더라도, 불필요한 전력 사용을 줄이고, 에너지 절약에 대한 공감대를 만드는 것만으로도 의미가 있다. 집에서 쓰지 않는 전등을 끄고, 효율이 좋은 가전을 선택하는 일은 작아 보여도 많은 사람이 함께하면 분명한 변화를 만든다.

네 번째는 이야기를 나누는 일이다. 탄소중립은 혼자서 실천하기 어렵다. 가족끼리, 이웃끼리, 마을 안에서 "요즘 바다가 어떤지", "해조류가 왜 중요한지" 같은 이야기를 나누는 것 자체가 중요한 행동이다. 이해가 쌓이면 공감이 생기고, 공감은 행동으로 이어진다. 누군가에게 설명하는 과정에서 스스로도 더 깊이 이해하게 된다.

다섯 번째는 아이들과 함께하는 실천이다. 아이들에게 탄소중립을 가르칠 때 복잡한 개념은 필요 없다. "바다는 살아 있어", "바다가 아프면 우리가 힘들어져"라는 말이면 충분하다. 함께 바다를 보고, 해조류를 관찰하고, 쓰레기를 줍는 경험은 아이들에게 오래 남는다. 이런 경험은 다음 세대가 자연스럽게 지속가능한 선택을 하게 만드는 가장 강력한 교육이다.

중요한 것은 완벽함이 아니다. 하루아침에 모든 것을 바꿀 수는 없다. 다만 방향을 알고, 그 방향으로 한 걸음씩 움직이는 것이 중요하다. 탄소중립은 목표라기보다 과정이며, 완도의 삶과 자연이 오래 이어지기 위한 약속에 가깝다.

바다는 말이 없지만, 우리가 어떻게 행동하는지를 모두 기억한다. 우리가 바다를 존중하면, 바다는 다시 우리를 지탱해 준다. 이 부록에 담긴 실천들은 특별한 사람이 해야 할 일이 아니다. 지금 이곳에서 살아가는 우리 모두가, 각자의 자리에서 충분히 할 수 있는 일들이다.

탄소중립은 멀리 있지 않다. 그것은 오늘의 선택이며, 내일의 풍경이다. 그리고 그 중심에는 늘 완도의 바다가 있다.

주민 Q&A – 완도 군민이 가장 자주 묻는 질문들

해조류, 탄소중립, 에너지 전환 등은 아직 주민들에게 생소할 수 있다. 아래는 실제로 들었던 질문과, 군민의 눈높이에 맞춘 쉽게 이해되는 답변이다.

Q 탄소중립이 우리 생활과 무슨 관련이 있나요?

A 탄소중립은 '대단한 국가 정책'처럼 느껴질 수 있지만, 사실은 어업환경, 바다수온, 양식장 관리, 자연재해 발생, 생계 안정과 직접적으로 연결됩니다.

바다가 변하면 가장 먼저 영향을 받는 곳은 완도입니다.

탄소중립은 결국 우리의 생활을 지키기 위한 선택입니다.

Q 해조류가 탄소를 흡수하면 주민에게 어떤 이익이 생기나요?

A 해조류 탄소흡수량이 공식 인증되면, 그 탄소량을 '배출권'으로 판매할 수 있습니다.

예) 해조류 양식장 1ha = 연간 약 2~6톤 CO_2 흡수

톤당 30~50달러의 배출권 가치

이 수익은 어촌계, 마을, 청년·어업인 지원사업 등으로 환원할 수 있는 구조입니다. 즉, 완도 주민의 새로운 소득원이 될 수 있습니다.

Q 왜 완도에서 해조류가 중요한가요?

A 완도는 한국 해조류 생산량 50%, 전국 최대 규모 양식장, 최적의 수온·조류 조건 등을 갖추고 있어 전국에서 해조류 효율이 가장 높습니다.

그래서 '해조류 탄소흡수 공식 인증'이 이루어지면 가장 먼저 혜택을 받을 지역이 완도입니다.

Q 해상풍력·수소경제·해조류 산업이 주민에게는 너무 어려워 보입니다.

A 어렵게 느껴지지만 핵심은 간단합니다.

이 세 가지는 모두 완도의 미래 먹거리입니다.

해상풍력 → 에너지 생산

해조류 → 탄소흡수 + 미래산업 자원

수소 → 장기적으로 발전사업과 연계되어 지역경제 강화

이 산업이 결합되면 완도는 '환경을 지키며 돈을 버는 구조'로 갈 수 있습니다.

Q 주민 의견이 정책 결정에 반영되나요?

A 탄소중립위원회는 '군민-행정-전문가'가 함께 참여하는 구조입니다.

정책은 절대 행정만으로 결정되지 않습니다. 실제 운영은 민간 위원장이 주도하기 때문에 주민의 의견이 핵심입니다.

Q 청년들이 완도를 떠나는데, 탄소중립이 무슨 도움이 되나요?

A 탄소중립 분야에는 새로운 일자리가 많이 생깁니다.

해양 바이오 연구, 탄소측정 기술, 해상풍력 유지보수,

해조류 기반 신산업, 친환경 소재 가공

이 분야는 미래 산업으로, 도시보다 해양 중심 지역이 유리합니다.

따라서 완도는 오히려 청년들이 돌아올 수 있는 구조로 변할 수 있습니다.

1. 기존의 국가 온실가스 감축 목표(NDC), 2021년 10월 이전

국가 온실가스 감축 목표(Nationally Determined Contribution, NDC)란, 각 회원국이 온실가스 배출에 대한 책임과 역량을 고려하여 자발적으로 얼마만큼의 온실가스 배출량을 줄일 것인지를 유엔기후변화협약에 공식적으로 제출하는 계획이다.

과거 한국이 2015년 6월 30일 제출한 NDC는 2030년까지 배출 전망치(Business As Usual, BAU:온실가스 감축을 위한 인위적 조치하지 않았을 때의 배출량) 대비 37% 감축이었다. 이후 대한민국의 NDC는 몇 번의 수정을 거쳐 2018년 온실가스 배출량 대비 26.3%로 조정되다가 2021년 10월 2050년 NDC가 확정되었다.

2. 대한민국 탄소중립 시나리오(NDC 상향조정), 2021년 10월 ~ 2025년 12월

기후 위기의 심각성과 국제사회 구성원으로서 우리나라의 역할 등을 종합적으로 고려하여 2021년 10월 NDC 상향을 결정하였다. 향후 몇십 년 내 CO_2와 기타 온실가스에 대한 적극적인 감축이 이루어지지 않는다면, 21세기 중 대기 온도가 2℃ 이상 상승할 것으로 예측했기 때문이다.

국가 온실가스 감축 목표량(NDC)는 2021년 제정한 「탄소중립 기본법」의 입법 취지와 국제 동향, 국내 여건 등을 고려하여 온실가스 감축 목표를 다시 설정한 것이다.

① 대한민국 탄소중립 시나리오(NDC 1차 확정)

2020년 10월 수정된 NDC는 2018년 배출량(727.6백만 톤) 대비 40%(2백만 톤) 줄여 2030년에는 배출량 436.6백만 톤으로 내리고, 2050년에는 탄소중립을 이루겠다는 계획을 포함했다.

구분	부문	2018년	기존 NDC(2021.10)	수정 NDC(2023.3)
배출량		727.6	436.6 (40%)	436.6 (40%)
배출	전환(에너지)	269.6	149.9 (44.4%)	145.9 (45.9%)
	산업	260.5	222.6 (14.5%)	230.7 (11.4%)
	건물	52.1	35.0 (32.8%)	35.0 (32.8%)
	수송	98.1	61.0 (61.0%)	61.0 (61.0%)
	농축산	24.7	18.0 (27.1%)	18.0 (27.1%)
	폐기물	17.1	9.1 (46.8%)	9.1 (46.8%)
	수소	-	7.6	8.4
	탈루	5.6	3.9	3.9
흡수및 제거	흡수원	-41.3	-26.7	-26.7
	이산화탄소 포집 · 저장 · 활용	-	-10.3	-11.2
	국제 감축	-	-33.5	-37.5

② 대한민국 탄소중립 시나리오(NDC 부분 조정)

2023년 3월, 대한민국 정부는 2030년 국가온실가스 감축 목표(NDC)를 일부 조정했다. 최종 목표의 합계량은 동일하지만, 산업 부문이 14.5%에서 11.4%로 내려가고, 전환, 수소, CCUS, 국제감축에서 비중이 올라갔다.

③ 대한민국 탄소중립 시나리오(2035년 NDC 부분 상향 조정)

2025년 11월, 대한민국 정부는 2035년 국가온실가스 감축 목표(NDC)를 상향 조정했다. 2035년도 국가 온실가스 배출량을 2018년 대비 53~61% 감축하기로 목표를 정했다.

이 같은 감축률은 기후위기 대응의 시급성, 기후변화에 관한 정부간 협의체(IPCC) 권고, 2024년 8월 헌법재판소 합치 결정 취지, 미래세대 감축 부담, 산업계 여건 등을 종합적으로 고려한 결과이다.

산업 부문 감축목표는 상대적으로 낮다. 다량으로 온실가스를 배출하는 제조업 중심의 산을 고려한 것으로 2018년 대비 24.3~31% 감축을 목표로 했다. 감축 기술 개발을 위한 정부 지원을 통해 산업의 체질 개선을 추진할 계획이다.

감축목표 달성을 위한 부문별 구체적인 수치도 확정됐다. 우선 전력 부문은 에너지고속도로 구축을 확대하고 화석연료 발전을 줄여

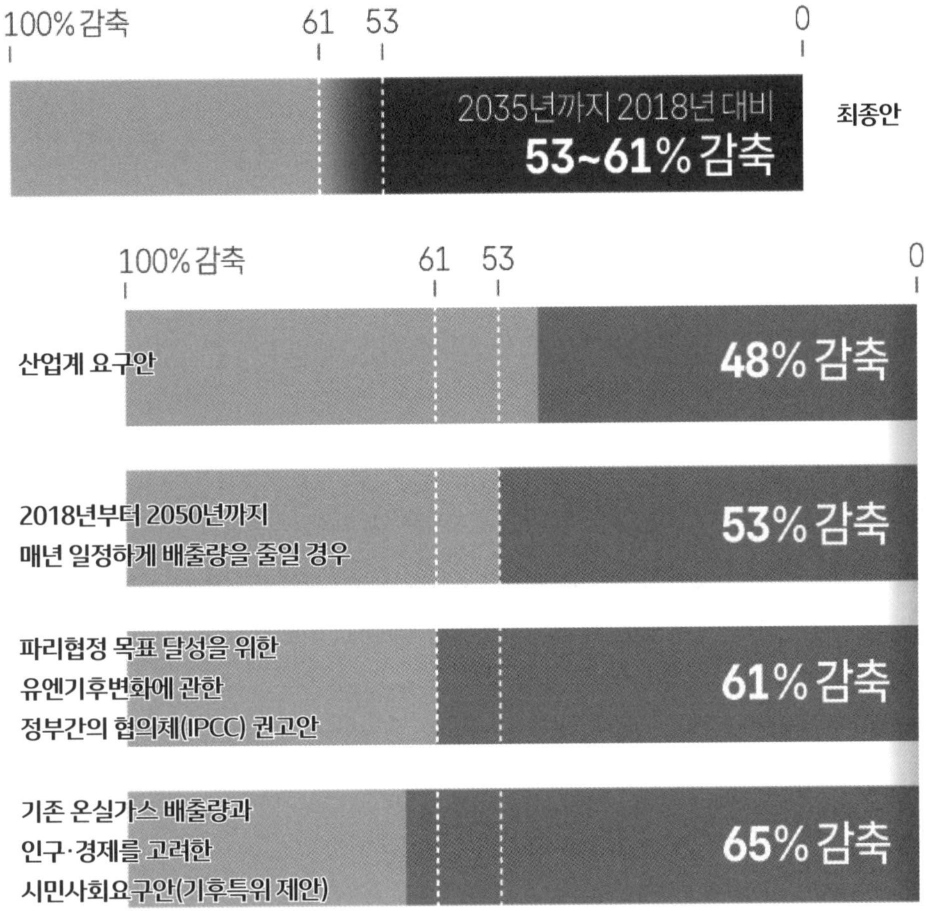

2018년 대비 68.8%에서 75.3%까지 감축할 계획이다. 산업 부문의 경화, 저탄소 제품 생산 확대 등을 통해 2018년 대비 24.3~31%까지 감축할 계획이다. 건물 부문 역시까지 줄이기로 했으며 수송 부문도 60.2%에서 62.8%까지 감축할 계획이다.

특히 이번 감축목표는 기준연도와 목표연도의 배출량을 모두 '순배출량'으로 통일한 것이 특징이다. 이전까지 감축 목표의 경우 기준연도의 배출량은 총배출량으로 산정하고 목표연도의 배출량은 총배출량에서 탄소 흡수량을 뺀 순배출량으로 산정했다. 이에 감축률이 과도하게 높게 산정됐다는 의견이 제기됨에 따라 이번에는 모두 순배출량으로 산정했다.

구분	부문	2018년	2024년	2035년 NDC	
				53% 배출 2018년 대비 감축량	61% 배출 2018년 대비 감축량
순배출량		742.3	651.4	348.9	289.5
배출	전력	283	218.3	88.3(△68.8%)	70(△75.3%)
	산업	276.3	250.9	209.1(△24.3%)	190.6(△31.0%)
	건물	52.1	43.6	24.2(△53.6%)	22.8(△56.2%)
	수송	98.8	97.5	39.3(△60.2%)	36.8(△62.8%)
	냉매	23.1	35	27.4(+18.6%)	25.5(+10.4%)
	폐기물	27.6	25.6	20(△27.5%)	19.5(△29.3%)
	농축수산	19.4	17.5	9.2(△52.6%)	9(△53.6%)
	탈루	3.7	3.2	2.6(△29.7%)	2.4(△35.1%)
	수소	0	0	8.1	6.5
흡수 및 제거	흡수원	-41.3		-38.3	-39.3
	이산화탄소 포집 · 저장 · 활용			-11.2	-20.3
	국제 감축			-29.8	-34.0

3. 2050 대한민국 탄소중립 시나리오

2050년 우리나라의 온실가스 순배출량은 '0'으로 계획하였다. 탄소중립을 이루기 위한 계획은 크게 2가지이다.

구분	부문	2018년	A안	B안
총 배출량		727.6	0	0
순 배출량		686.3		
배출	전환(에너지)	269.6	0	20.7
	산업	260.5	51.1	51.1
	건물	52.1	6.2	6.2
	수송	98.1	2.8	9.2
	농축산	24.7	15.4	15.4
	폐기물	17.1	4.4	4.4
	수소	-	0	9
	탈루	5.6	0.5	1.3
흡수및 제거	흡수원	-41.3	-25.3	-25.3
	이산화탄소 포집 · 저장 · 활용	-	-55.1	-84.6
	국제 감축	-	-	-7.4

첫 번째 시나리오(A안)는 온실가스 총배출량을 최소화하였다(80.4백만 톤). 특히 화석연료 발전을 전면 중단해 전환 부문의 온실가스 배출이 없으며, 그 외 수송, 수소 부문에서도 온실가스 배출을 최소화하는 것을 계획하였다. 2050년에도 일부 남아 있는 배출량에 대해서는 산림, 연안 등 흡수원과 CCUS 등 제거 기술을 통해 온실가스를 흡수·

제거하여, 최종 순배출량은 영(0)이 되는 것으로 가정하였다. 석탄발전은 중단하나 탄력적인 전원 공급 용도로 LNG 발전 일부가 유지되는 것으로 가정하였다. 또한, 수송 부문에서는 대체 연료(e-fuel 등) 개발이 이루어져 내연기관차도 일부 남아 있는 것을 가정하였다. 수전해 수소(그린 수소) 생산을 적극적으로 활용하는 것이 포함되었다.

두 번째 시나리오(B안)는 2050년의 온실가스 배출량이 A안보다 많다. (117, 3백만 톤). 석탄발전은 중단되나 탄력적 전원 용도로 LNG 발전은 일부 유지되는 것을 가정하였다. 또한, 수송 부문에서는 대체 연료(e-fuel 등) 개발이 이루어져 내연기관차도 일부 남아 있으며, 이산화탄소흡수·제거 기술을 충분히 활용함으로써 최종 순배출량을 A안과 마찬가지인 영(0)이 될 것으로 예측하였다.

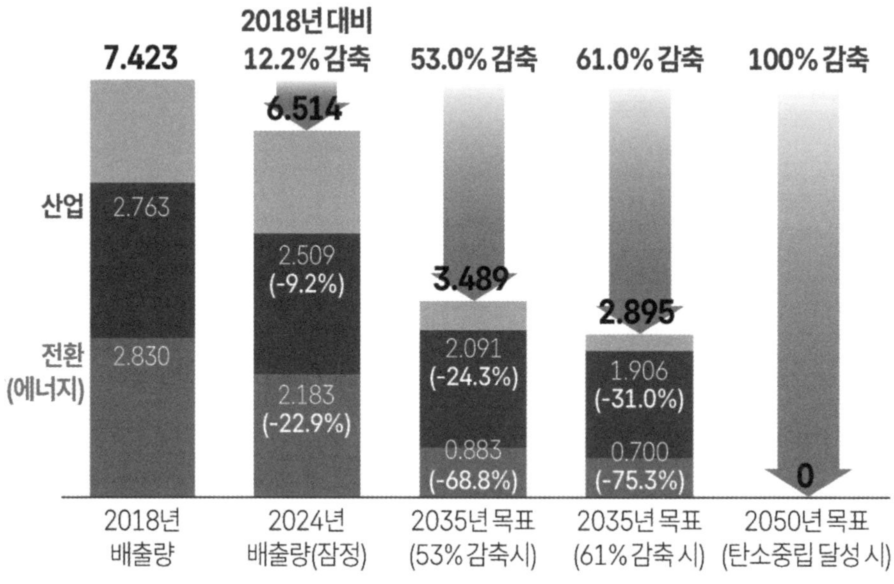

부록

수소경제로의 전환

수소 사회

1. 탄소중립과 에너지 안보를 위한 패러다임의 전환

수소 경제사회(Hydrogen Economy)란, 재생에너지를 비롯한 다양한 자원을 이용해 수소를 생산하고, 에너지의 공급부터 수요에 이르는 전체 공급 사슬(Supply chain)에서 수소를 핵심적인 에너지 유통 수단(Energy carrier)으로 사용하는 경제체제를 의미한다.

수소에 대한 논의는 에너지 안보 위기에서 시작되었다. 1973년 제1차 석유 파동으로 원유 가격이 400% 급등하자, 전 세계는 석유 위기를 극복하기 위한 대안으로 '지속 가능한 수소 경제사회'를 모색하기 시작했다. 이에 1974년 국제에너지기구(IEA)가 설립되었고, 1977년에는 수소이행협정(IEA-HIA)을 출범시켜 탈석유 시대의 해법으로서 수소의 잠재력을 검증해 왔다.

21세기에 들어서며 수소사회의 필요성은 지구환경 문제 해결로 확장되었다. 과거에는 석유 자원의 지역적 편중과 고갈 우려가 주된 이유였다면, 현재는 지구온난화와 같은 환경 문제가 인류의 생존 과제가 되었기 때문이다. 이에 따라 청정 에너지원으로서 수소의 가치가 재조명되고 있다.

주요국들은 정책적으로 수소 생태계를 육성하고 있다. 2020년 7월,

EU 집행위원회는 온실가스 감축을 위한 'EU 에너지시스템 통합전략'과 '수소 전략(EU Hydrogen Strategy)'을 발표했다.

· 통합 전략 : 순환 에너지 시스템 구축과 수소 에너지의 적극적 활용 강조

· 수소 전략: 수소 생산 증대를 위한 규정 마련, 투자 유치, 수요 촉진, R&D 방안 제시

EU는 수소 기술 개발과 인프라에 적극 투자하여 경기 진작(일자리 창출)과 탄소중립을 동시에 달성하겠다는 목표를 세웠다. 이를 통해 2050년까지 청정 수소가 전 세계 에너지 수요의 24%를 담당하고, 연간 6,300억 유로의 매출을 창출할 것으로 예측했다.

산업계 역시 발 빠르게 움직이고 있다. 2017년 1월, 다보스 포럼(Davos World Economic Forum)에서는 기후변화 대응과 수소 사용 가속화를 위해 글로벌 CEO 협의체인 수소위원회(Hydrogen Council)가 출범했다. 출범 당시 13개였던 회원사는 2020년 7월 기준 92개 기업(총매출 18.9조 유로, 고용 650만 명 규모)으로 확대되었으며, 2023년에는 현대자동차가 프랑스의 에어리퀴드와 함께 공동 회장사를 맡기도 했다.

수소위원회는 보고서를 통해 재생 가능한 에너지원(태양광, 풍력 등)을 기반으로 한 '클린 수소'가 세계 에너지 믹스의 주축이 될 때 파리 협정의 목표 달성이 가능하다고 분석했다. 수소 대량 생산 체제가 갖춰질 경우 기대되는 2050년의 미래상은 다음과 같습니다.

· 에너지 분담 : 세계 에너지 수요의 18% 충당

· 경제 효과 : 연간 2.5조 달러의 매출 및 3,000만 개의 일자리 창출

· 환경 효과 : 연간 6기가톤(Gt)의 이산화탄소(CO_2) 감축

(지구 온도 상승폭 2℃ 제한 시나리오 달성에 기여)

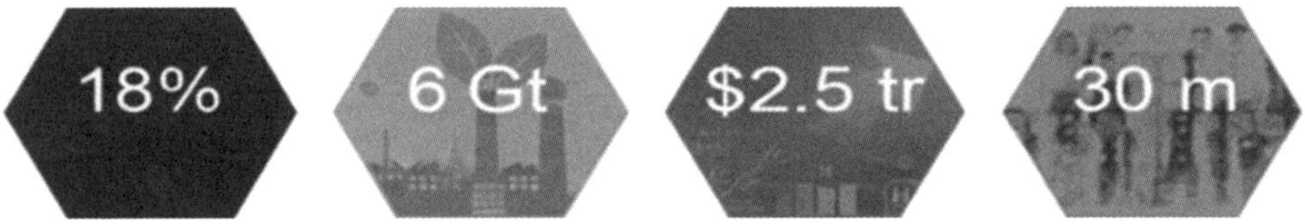

세계 에너지 수요 18%　연간 6기가톤 CO_2 감축　2.5조 달러 경제 효과　3,000만개 일자리 창출

인류 문명의 역사는 곧 에너지의 역사라 해도 과언이 아니다. 18세기 산업혁명 이후 인류는 화석 연료에 기반한 '탄소경제(Carbon Economy)'를 통해 비약적인 발전을 이룩했다. 그러나 화석 연료의 무분별한 사용은 기후 위기라는 전 지구적 재앙을 초래했고, 이제 우리는 지속 가능한 생존을 위해 '수소경제(Hydrogen Economy)'라는 새로운 문을 두드리고 있다.

탄소경제에서 수소경제로의 전환은 단순한 연료의 교체가 아니다. 이것은 에너지의 생산, 저장, 운송, 소비에 이르는 모든 산업 생태계와 국가 간 역학 관계를 뒤바꾸는 거대한 패러다임의 변화이다.

탄소경제(Carbon Economy) : 과거와 현재의 엔진

탄소경제는 석탄, 석유, 천연가스 등 탄소(C)를 함유한 화석 연료를 주 에너지원으로 사용하는 체제이다. 화석 연료 내의 탄소를 산소와 결합하여 연소시킬 때 발생하는 열에너지를 동력으로 삼는다.

$$C + O_2 \rightarrow CO_2 + \text{Energy}$$

탄소 기반의 연료는 에너지 밀도가 높고 보관 및 운반이 용이하다. 지난 200여 년간 구축된 기반 시설 덕분에 경제성과 효율성이 매우 높다. 하지만 연소 과정에서 발생하는 이산화탄소(CO_2)는 지구 온난화의 주범이다. 또한, 자원이 특정 국가에 편중되어 있어 에너지 안보가 국제 정세에 따라 흔들리는 지정학적 위험이 크다.

수소경제(Hydrogen Economy) : 미래를 여는 열쇠

수소경제는 수소(H_2)를 주요 에너지원으로 사용하는 경제 구조이다. 수소는 연소하거나 연료전지를 통해 전기를 생산할 때, 오염 물질 없이 오직 부산물로 '물(H_2O)'만을 배출하는 궁극의 청정에너지이다.

$$2H_2 + O_2 \rightarrow 2H_2O + \text{Energy}$$

■ 수소 에너지의 핵심 장점

① 청정성 (Eco-friendliness) : 수소는 탄소 경제의 가장 큰 문제인 온실가스와 미세먼지를 배출하지 않는다. 높은 에너지 효율을 가지면서도 환경 무해한 물만 배출하므로 화석연료를 대체할 가장 확실한 대안이다.

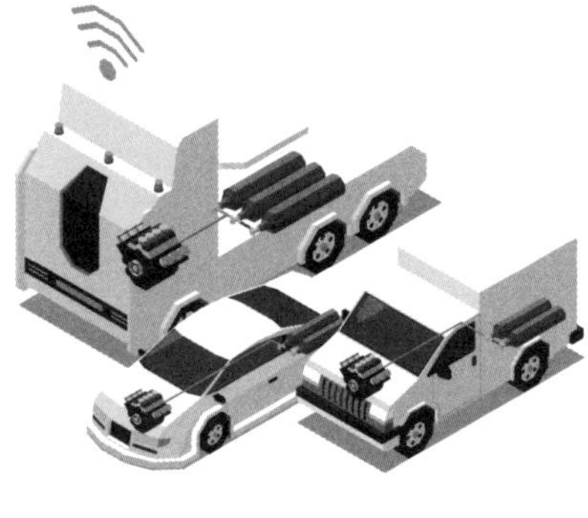

② 에너지 저장과 효율화 (Energy Storage & Buffering) : 태양광, 풍력 등 재생에너지는 날씨에 따라 발전량이 들쭉날쭉한다. 이때 생산된 잉여 전력으로 물을 분해(수전해)하여 수소를 생산·저장해 두었다가, 필요할 때 다시 전기로 변환해 사용할 수 있다. 이는 전력망의 안정성을 획기적으로 높여준다.

③ 활용의 범용성 (Versatility) : 수소는 전력 생산뿐만 아니라 승용차, 버스, 트럭, 선박, 기차 등 모든 운송 수단의 연료로 사용 가능하다. 또한 철강, 화학 등 산업 공정의 원료로도 활용 폭이 매우 넓다.

④ 발전의 안정성과 유연성 : 수소를 이용하는 연료전지는 소음이 적고 효율이 높다. 또한 연료전지 기술은 수소뿐만 아니라 과도기적으로 천연가스(LNG), 바이오가스 등 다양한 원료로부터 수소를 추출(개질)하여

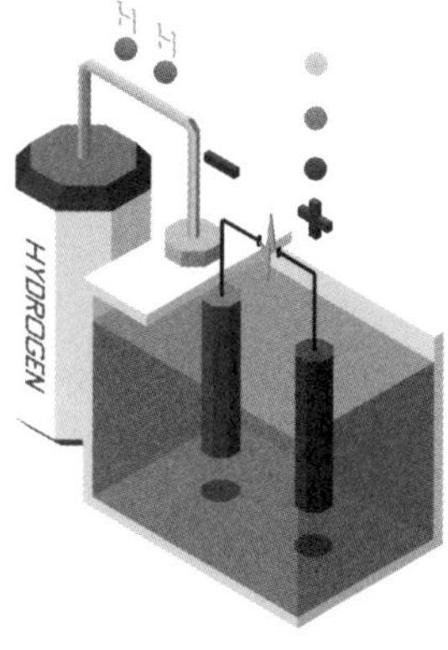

전기를 생산할 수 있는 유연성을 갖추고 있어 에너지 전환기의 가교 역할을 수행한다.

	탄소경제	수소경제
에너지 패러다임	탄소 자원(석유, 석탄, 가스 등) 중심 수입 의존(97%)	탈탄소화 수소 중심 국내 생산으로 에너지 자립 기여
에너지 공급	중앙집중형 에너지 수급 입지적 제약이 크고 주민 수용성이 낮음	분산형 에너지 수급 입지적 제약이 적고 주민 수용성이 높음
경제 양상	자원개발 및 에너지 확보 경쟁	기술경쟁력 확보 및 규모의 경제 경쟁
환경성	온실가스, 대기오염물질 배출	온실가스 배출이 적어 친환경적

■ 수소경제로의 걸림돌과 해결해야 할 과제

수소경제가 완벽한 대안임에도 불구하고 대중화까지는 몇 가지 숙제가 남아 있다.

① 경제성 확보 : 현재 그린 수소의 생산 단가는 화석 연료 기반 에너지보다 훨씬 높다. 대량 생산 체계와 기술 혁신을 통한 단가 하락이 필수적이다.

② 인프라 구축 : 수소 충전소, 전용 배관망, 액화 저장 시설 등 대규모 자본 투자가 선행되어야 한다.

③ 안전성 인식 : 수소 폭발에 대한 막연한 불안감을 해소하기 위한 안전 관리 시스템 구축과 국민적 공감대가 필요하다.

■ 수소의 위험성

어떤 연료도 100% 안전하지 않으며 수소 또한 안전하게 취급하지 않으면 폭발이나 화재로 이어질 수 있다. 그러나 기존 연료에 비하면 위험도는 상대적으로 낮다.

수소는 공기보다 14배 가볍고 휘발유에 비해 57배 가볍다. 수소 누출 시 공기 중으로 증발해 휘발유 유출로 인해 폭발로 이어지는 휘발유 차량에 비해 수소차가 더 안전한 것으로 밝혀졌다.

구분	휘발유	LPG	도시가스	수소
자연 발화 온도	4	3	2	1
연료 독성	4	3	2	1
불꽃 온도	4	2	1	3
연소 온도	1	2	3	4
상대적 위험도	1.44	1.22	1.03	1

자료 : 미국화학공학회, 한국산업안전보건공단

수소경제로의 전환이 가져올 변화

우리는 오늘 당장 탄소경제를 버리고 수소경제로 뛰어넘을 수는 없다. 지금은 탄소 배출을 최소화하면서 수소 기술을 고도화하는 '에너지 전환기(Energy Transition)'가 필요하다. 수소경제는 단순한 환경 보호의 수단이 아니다. 이는 기후 위기라는 위협을 새로운 성장 동력으로 바꾸는 '제4차 산업혁명의 에너지 기반'이 될 것이기 때문이다. 탄소의 굴레에서 벗어나 깨끗하고 풍요로운 수소 사회로 나아가는 여정은 선택이 아닌 인류의 필연적인 과제이다. 수소경제로의 전환, 우리 사회에 어떤 변화가 일어날까?

① 산업 구조의 재편

탄소경제의 주역이었던 내연기관 자동차 산업은 전기차와 수소차(FCEV)로 재편될 것이다. 특히 장거리 운송이 필요한 트럭, 기차, 선박, 항공기 분야에서는 배터리보다 수소가 더 큰 경쟁력을 가질 것이다. 또한, 철강 산업에서는 석탄(코크스) 대신 수소를 사용하여 철광석을 환원하는 '수소환원제철' 기술이 도입되어 탄소 배출을 획기적으로 줄일 것이다.

② 에너지 안보의 강화

자원 빈국이었던 국가들도 재생에너지와 수소 생산 기술을 확보하면 에너지 자립이 가능해진다. 이는 국가 간 에너지 패권 다툼의 양상을 기술 경쟁의 양상으로 바꿀 것이다.

수소에너지의 역사는 생각보다 오래되었다. 200여 년 전, 최초의 내연기관 엔진을 구동시킨 것이 수소이며, 이미 1세기 넘게 수소가 이용되어 왔다.

수소는 친환경적인 측면에서 매우 뛰어난 에너지이다. 수소는 청정연료로서의 특성을 지녔고, 재생에너지로의 전환에 있어 큰 기여를 할 수 있어, 수송, 건물, 발전 등 분야에서 다양하게 활용할 수 있다.

세계에너지기구(IEA, 2019)에 따르면, 세계적으로 매년 6.9천만 톤 이상 수소를 생산하며, 부생가스를 포함하면 총량은 1.17억 톤 정도 된다는 것을 알 수 있다.

안타깝게도 수소 생산의 원료는 천연가스 71%, 석탄 27%, 나머지는 석유나 전기로서, 대부분 화석연료(98%)로 생산한다. 석탄, 석유 코크(Petroleum coke)를 원료로 하는 가스화 기술은 전 세계적으로 272개 공장이 있으며, 중국에 가장 많다. 합성천연가스, 합성액체연료, 전기 생산, 메탄올, 암모니아 또는 수소 생산 용도이다.

구분	방법	원료	에너지원	기술수준
화석연료이용	수증기 개질	천연가스, LPG, 나프타	열	상용
	부분산화/가스화	중질유, 석탄	열	상용
	자연 개질	천연가스, LPG, 나프타	열	상용
	직접분해	천연가스	열	상용
비화석연료이용	수전해	물	전기	상용
	생물학적 물 분해/바이오매스 분해	물 또는 바이오매스	열, 미생물, 바이오매스	연구 중(바이오매스 이용 분야는 실증 수준)
	광학적 물 분해	물	태양광	연구 중

수소 시장은 국내외 모두 정유, 화학공업 등 산업용이며 에너지로서의 용도는 열을 얻기 위해 사용한다. 2025년 기준, 수소전기차나 수소연료전지 발전 등에 쓰이는 양은 아직 미미한 수준이다. 산업용의 수소소비량은 저유황 청정 연료의 요구에 따른 석유 정제와 비료, 메탄올 등의 석유화학 산업의 성장과 밀접한 관련이 있다.

전 세계 수소공급량은 생산 6.9천만 톤, 부생수소 4.8천만 톤 등을 합쳐 총 1.17억 톤 정도이다. 친환경인 그린수소의 생산 유통량은 전체의 1% 정도밖에 되지 않습니다.

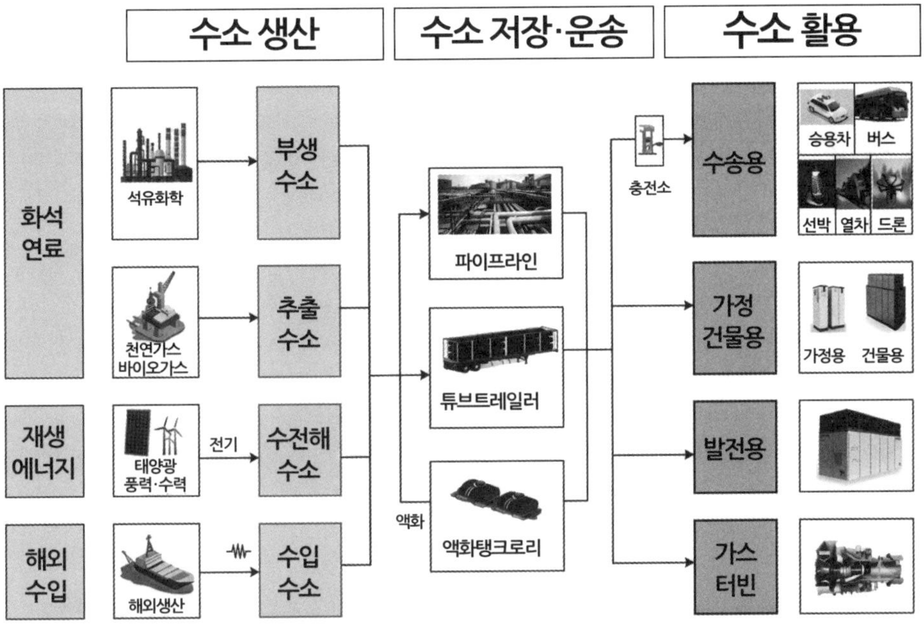

		2018년	2022년	2040년
수소차 (수출) (내수)		1.8천대 (0.9천대) (0.9천대)	8.1만대 (1.4만대) (6.7만대)	620만대 (330만대) (290만대)
연료전지	발전용 (내수)	307MW (전체)	1.5GW (1GW)	15GW (8GW)
	가정·건물용	7MW	50MW	2.1GW
수소 공급		13만톤/년	47만톤/년	526만톤/년
수소 가격		–	6,000원/kg	3,000원/kg

자료 : 대한민국 정책 위키

그린수소 전망

수소의 생산 방식에 따라 색깔을 넣어 부르는 이름이 있다.

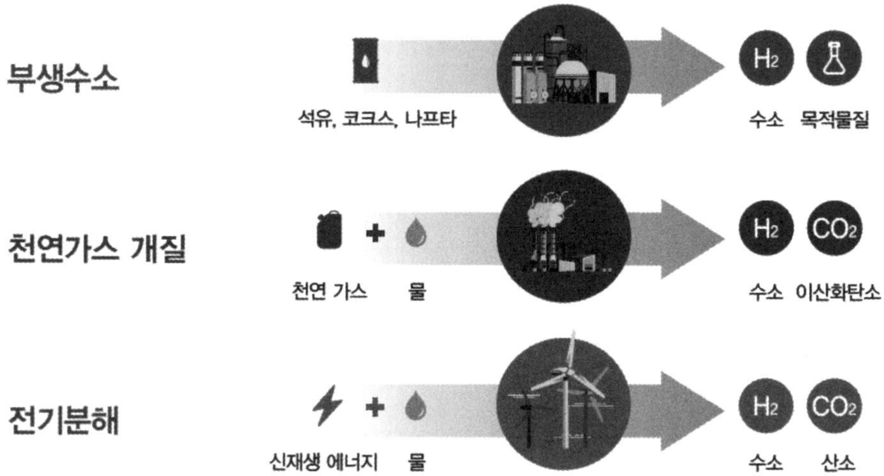

① 그레이수소 : 천연가스 또는 석탄을 원료로 사용하는 생산 과정에서 발생한 수소에너지를 뜻한다. 석유화학공장에서 발생하는 수소를 수집한 것이 부생수소, 천연가스를 수증기로 처리해 생산한 수소가 개질수소이다. 화석연료를 사용해 수소를 생성하는 과정에서 상당한 양의 탄소가 배출되기 때문에 그레이수소라는 이름이 붙여졌다.

② 블루수소 : 그레이수소와 생산 방식이 같다. 하지만 탄소포집 기술을 이용해 수소 생산 과정에서 발생하는 온실가스 배출량을 90%

까지 포집한다. 그레이수소보다 탄소배출량이 적다.

③ 그린수소 : 풍력, 태양광 등 재생에너지 전력을 사용해 수전해로 수소를 생산하는 방식이다. 수소 생성 과정에서 탄소를 전혀 배출하지 않는다.

④ 레드수소 : 원자력발전 과정 중에 생산된 수소를 말한다.

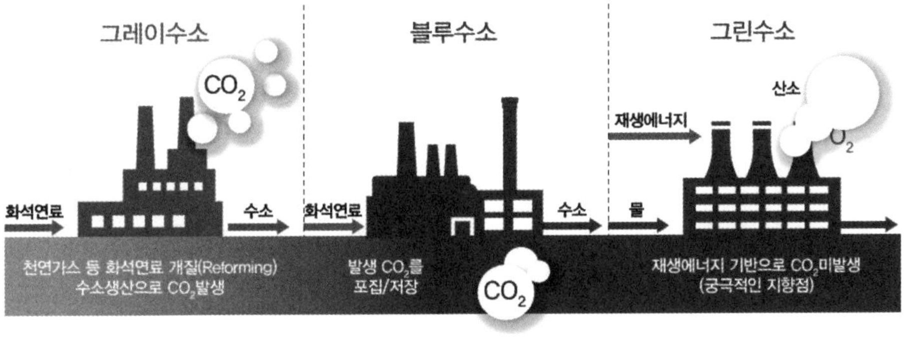

2018년 수소 생산량 대부분은 천연가스에서 추출한 그레이수소였다. CCS장치로 탄소배출을 줄인 블루 수소도 0.5% 정도밖에 되지 않는다. 그린 수소가 대중화되려면 재생에너지 확대가 필요합니다.

2030년 전까지 그레이 수소에서 그린 수소로의 전환은 일어나지 않을 것으로 예측한다. 그러나 재생에너지 가격이 점점 낮아짐에 따라 언젠가는 그린 수소가 그레이 수소를 대체할 것으로 예상한다.

생산 기술 별 수소 생산 비용

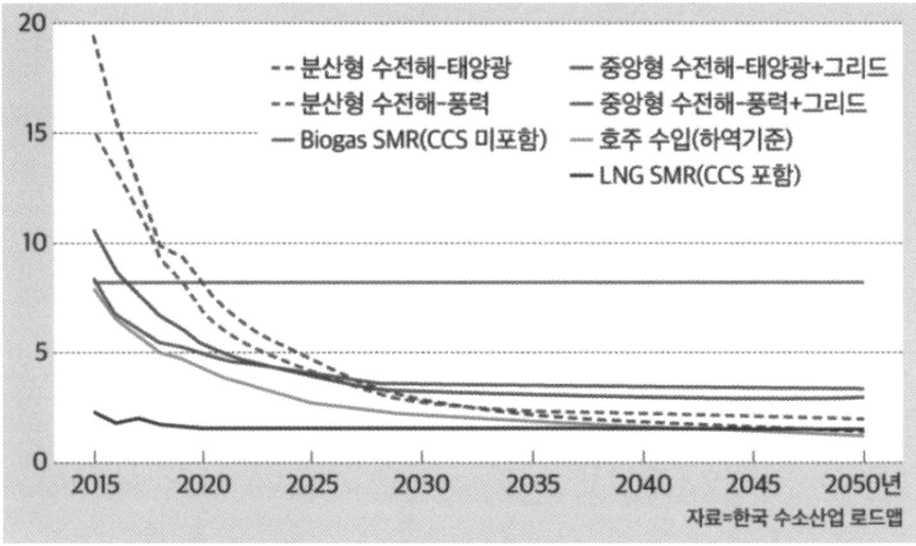

수소 수요 전망 / 출처: KPMG - hydrogen trajectory

그레이 수소는 화석연료에서 추출하기 때문에 화석연료 가격에 많은 영향을 받는다. SMR 플랜트(메탄 개질) 기준으로 연료비용이 대략 45~75%를 차지했다. 천연가스 가격이 안정적일 때 그레이 수소의 생산비용은 유럽이 kg당 2불대, 중동·러시아·북아메리카 등에서는 kg당 1불대였다. 하지만 러시아-우크라이나 전쟁으로 인해 천연가스 가격이 폭등하였고, 잠시 하락하다가 2025년에는 다시 상승하였다.

블루 수소는 그레이 수소에 CCS 탄소 저감장치가 추가되기 때문에 설비 투자비용(CAPEX)이 더 올라간다. 플랜트 설계에 따라 차이는 있겠지만 보통 SMR 플랜트에 CCS를 추가하면 CAPEX가 대략 50% 상승한다. 2030년까지는 그레이수소가 화석연료의 가격 메리트를 받으며 경쟁력을 유지할 것으로 예상한다. 하지만 지금보다 탄소배출권 적용이 확대되고 탄소국경세까지 도입되면 2040년쯤에는 블루수소가 천연가스만큼 가격경쟁력을 갖출 것으로 예상한다. (탄소배출권 ETF 전망 참고)

그린 수소는 재생에너지를 어떻게 수급하느냐에 따라 생산비용이 kg당 2.5불에서 6불까지 차이가 난다. 재생에너지 수급 방법은 일반적으로 **1) 수소 생산자가 재생에너지 설비까지 자체 보유하여 전력을 조달하는 경우, 2) 재생에너지 발전사업자와 전력 구매 협약(PPA, Power Purchase Agreement)을 맺는 경우, 3) 기존 전력망을 통해 공급하는 경우가** 있다. 보통 1) → 2) → 3) 순으로 가격이 올라갑니다.

2022년 기준으로 그린 수소는 그레이 수소나 블루 수소보다 비싸지만, 시장 규모가 커지고 기술 비용이 낮아짐에 따라 2050년쯤에는 화석연료 기반 수소만큼 가격경쟁력을 갖출 것으로 예상합니다.

풍력 기반의 그린수소 생산기지

그린수소란 태양광이나 풍력과 같은 재생에너지에서 발생한 전기를 활용하여 물을 전기분해함으로써 생산되는 수소를 의미한다.

$$2H_2O \rightarrow 2H_2 + O_2$$

이 과정에서 산소만이 부산물로 배출되므로, 화석연료를 사용하는 기존 방식과 달리 탄소 배출이 전혀 없는 청정에너지원이다. 특히 풍력발전은 단일 단지의 대형화가 용이하여 대량의 수소를 안정적으로 생산하는 데 최적화된 에너지원으로 평가받는다.

풍력 기반 그린수소의 가장 큰 가치는 에너지 저장 장치로서의 역할에 있다. 풍력발전은 기상 상황에 따라 발전량이 불규칙하다는 고질적인 단점이 있지만, 전력 수요보다 공급이 많은 시점에 남는 잉여 전력을 수소 형태로 변환해 저장하면 에너지 효율을 극대화할 수 있다. 이렇게 저장된 수소는 필요할 때 다시 전기로 바꾸거나 산업용 연료로 활용되어 전력망의 유연성을 높여준다. 이는 국제 사회의 탄소 배출 규제 속에서 강력한 에너지 무기가 되며, 완전한 탄소 중립 실현을 가능케 한다.

그린수소 산업은 에너지 산업 지형을 재편하며 국가 전체에 막대한 경제적 이득을 가져온다. 우선 수소 밸류체인의 활성화를 통해 전방위적인 산업 생태계가 형성된다. 수전해 설비 제조부터 고압 저장 탱크, 수소 전용 운송 선박 및 파이프라인 구축에 이르기까지 기계, 화학, 조선 등 기존 주력 산업에 새로운 수요를 창출하고 활력을 불어넣을 수 있다.

또한, 에너지 자립도를 높여 국가 안보 및 무역 수지 개선에 기여한다. 에너지원을 수입에 의존하는 국가가 자국의 풍력 자원을 활용해 수소를 생산하면 수입 대체 효과가 발생한다. 동시에 탄소국경조정제도(CBAM)와 같은 글로벌 환경 규제에 대한 대응력을 강화하여 수출 기업의 탄소 비용 부담을 획기적으로 줄여준다. 이러한 기술력을 선제적으로 확보한다면 글로벌 장비 시장 및 솔루션 수출을 통해 새로운 국부 창출의 기회를 선점할 수 있다.

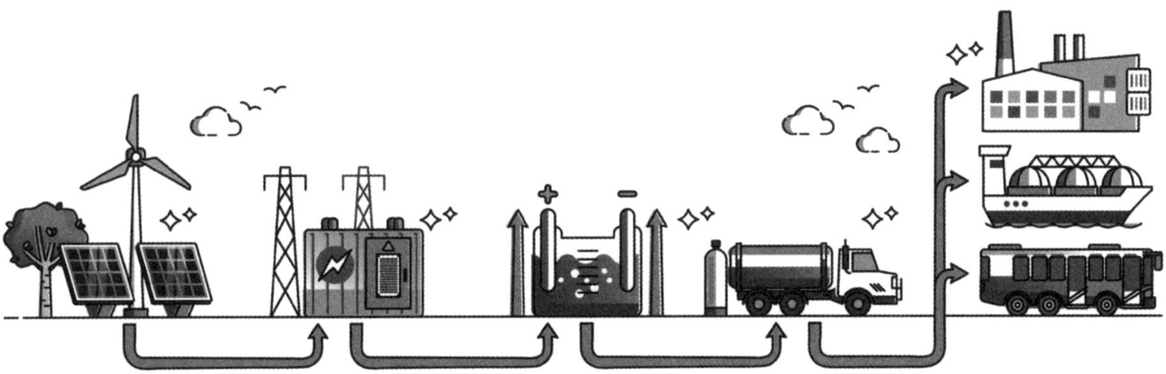

■ 지역 경제 발전 및 상생 효과

풍력발전소와 수소 생산 거점은 대개 해안이나 산간 등 외곽 지역에 위치하기 때문에 지역 불균형 해소의 핵심 열쇠가 된다. 풍력 단지 인근에 수소 생산 및 가공 클러스터가 조성되면 관련 기업과 연구소가 집적되어 낙후된 지역 산업 구조가 미래형 에너지 산업 구조로 탈바꿈할 수 있다.

이 과정에서 양질의 일자리가 대거 창출된다. 설비 건설 단계뿐만 아니라 운영 및 유지보수를 위해 숙련된 전문 인력이 지역에 상주하게 되며, 이는 인구 유출을 막고 지역 경제에 활기를 불어넣는다. 또한 발전 수익의 일부를 지역 주민과 공유하는 '이익 공유형 모델'이 도입됨에 따라 지자체의 재정 자립도가 향상되고 주민의 실질 소득 증대로 이어지는 상생의 선순환 구조를 만들 수 있다.

그린수소 생산 기지는 거대한 에너지 생태계로서 네 가지 핵심 시설 카테고리로 구성된다.

① 에너지 생산 및 변환 시설

바람을 전기로 바꾸는 풍력 터빈이 해상이나 산간에 설치된다. 여기서 생산된 전기는 변전소를 거쳐 전압이 조절되며, 수전해 설비에 적합하도록 교류(AC)를 직류(DC)로 바꾸는 대규모 전력 변환 장치를 통해 수소 공장으로 전달한다.

② 수소 생산 핵심 시설

실제 수소를 추출하는 수전해 설비동은 기지의 심장부이다. 이곳에서는 고순도의 물(초순수)이 필요하므로 지하수, 바닷물 등을 정화하는 수처리 시설이 필수적이다. 생산된 수소는 정제 장치를 통해 불순물이 제거되어 99.999% 이상의 고순도 상태로 완성된다.

③ 저장, 압축 및 이송 인프라

기체 상태의 수소는 부피가 크므로 압축기를 통해 고압으로 누르거나, 극저온 유지 장치가 포함된 특수 탱크에 액체 수소형태로 보관한다. 이렇게 저장된 수소는 출하 설비를 통해 튜브 트레일러나 선박에 실리거나, 지하에 매설된 전용 배관망을 통해 인근 산업단지로 직접 공급된다.

④ 운영 지원 및 지역 상생 시설

전체 공정을 실시간으로 모니터링하는 통합 관제 센터와 설비 수리를 담당하는 유지보수 센터가 운영의 중심축 역할을 한다. 또한 수소 특성에 맞춘 전문 안전 관리소가 상시 가동되며, 지역 주민과 학생을 위한 홍보관 및 교육 센터는 그린수소의 가치를 알리는 산업 관광 자원으로 활용되어 지역 사회와 소통하는 창구가 된다.

풍력 기반의 그린수소 생산은 친환경 솔루션이자 침체된 경제를 살리는 강력한 경제 해법으로서 우리 지역을 더욱 견고하고 지속 가능한 에너지 인프라 위에 세울 것이다.

바다에서 미래를 보다!

김신의 완도 탄소중립 이야기

초판 1쇄 인쇄 2026년 1월 15일
초판 1쇄 발행 2026년 1월 15일

지은이 김신
발행인 이웅현
펴낸곳 부카

출판등록 제2017-000006호
전화 1577.1912 053.423.1912
이메일 bookaa@hanmail.net
홈페이지 www.bookaa-n.com

ISBN 979-11-7419-041-3 03810